2013年11月27日习近平同志在山东考察工作时亲切寄语"阳光大姐"：

家政服务大有可为，要坚持诚信为本，提高职业化水平，做到与人方便、自己方便。

据新华社济南2013年11月28日电

阳光大姐 金牌育儿系列

宝宝好习惯养成记

主 编：卓长立 　　　 亓向霞 /口述
　　姚 　建 　　　　所莉莉 /执笔

山东教育出版社

指导单位：中华全国妇女联合会发展部
　　　　　山东省妇女联合会
支持单位：全国家政服务标准化技术委员会
　　　　　济南市妇女联合会

主　　编：卓长立　姚　建
副 主 编：高玉芝　陈　平　王　莹
参加编写人员：
　　　　　王　霞　刘桂香　李　燕　时召萍　周兰琴
　　　　　聂　娇　亓向霞　李　华　刘东春　苏宝菊
　　　　　马济萍　段　美　朱业云　申传惠　王　静
　　　　　王　蓉　李　晶　高爱民　秦英秋　吕仁红
　　　　　邹　卫　王桂玲　肖洪玲　王爱玲

阳光大姐 金牌育儿系列

宝宝好习惯养成记

主 编：卓长立　　　亓向霞 /口述
　　　　姚 建　　　　所莉莉 /执笔

山东教育出版社

指导单位：中华全国妇女联合会发展部
　　　　　山东省妇女联合会
支持单位：全国家政服务标准化技术委员会
　　　　　济南市妇女联合会

主　　编：卓长立　姚　建
副 主 编：高玉芝　陈　平　王　莹
参加编写人员：
　　　　　王　霞　刘桂香　李　燕　时召萍　周兰琴
　　　　　聂　娇　亓向霞　李　华　刘东春　苏宝菊
　　　　　马济萍　段　美　朱业云　申传惠　王　静
　　　　　王　蓉　李　晶　高爱民　秦英秋　吕仁红
　　　　　邬　卫　王桂玲　肖洪玲　王爱玲

总　序

　　这是一套汇聚了济南"阳光大姐"创办十多年来数千位优秀金牌月嫂集体智慧的丛书；这是一套挖掘"阳光大姐"金牌月嫂亲身经历过的成千上万个真实案例、集可读性和理论性于一体的丛书；这是一套从实践中来、到实践中去，经得起时间检验的丛书；这是一套关心新手妈妈的情感、生理、心理等需求，既可以帮助她们缓解面对新生命时的紧张情绪，又能帮助她们解决实际问题的充满人文关怀的丛书。

　　《阳光大姐金牌育儿》丛书出版历经一年多的时间，从框架搭建到章节安排，从案例梳理到细节描绘，都是一遍遍核实，一点点修改……之所以这样用心，是因为我们知道，这套丛书肩负着习近平总书记对家政服务业"诚信"和"职业化"发展重要指示的嘱托。

　　时间回溯到2013年11月27日，正在山东考察工作的习近平总书记来到济南市农民工综合服务中心。在济南阳光大姐的招聘现场，面对一群笑容灿烂、热情有加的工作人员和求职者，总书记亲切地鼓励她们：家政服务大有可为，要坚持诚信为本，提高职业化水平，做到与人方便、自己方便。

　　习近平总书记的重要指示为家政服务业的发展指明了方向。总结"阳光大姐"创办以来"诚信"和"职业化"发展的实践经验，为全国家政服务业的发展提供借鉴，向广大读者传递正确的育儿理念和育儿知识，正是编撰这套丛书的缘起。

济南阳光大姐服务有限责任公司成立于2001年10月，最初由济南市妇联创办。2004年，为适应社会需求，实行了市场化运作。"阳光大姐"的工作既是一座桥梁，又是一条纽带：一方面为求职人员提供教育培训、就业安置、权益维护等服务，另一方面为社会家庭提供养老、育婴、家务等系列家政服务，解决家务劳动社会化问题。公司成立至今，已累计培训家政服务人员20.6万人，安置就业136万人次，服务家庭120万户。

在发展过程中，"阳光大姐"兼顾社会效益与经济效益，始终坚持"安置一个人、温暖两个家"的服务宗旨和"责任+爱心"的服务理念。强化培训，推进从业人员的职业化水平，形成了从岗前、岗中到技能、理念培训的阶梯式、系列化培训模式，鼓励家政服务人员终身学习，培养知识型、技能型、服务型家政服务员，5万余人取得职业资格证书，5000余人具备高级技能，16人被评为首席技师、突出贡献技师，成为享受政府津贴的高技能人才，从家政服务员中培养出200多名专业授课教师。目前，"阳光大姐"在全国拥有连锁机构142家，家政服务员规模4万人，服务遍布全国二十多个省份，服务领域涉及母婴生活护理、养老服务、家务服务和医院陪护4大模块、12大门类、31种家政服务项目，并将服务延伸至母婴用品配送、儿童早教、女性健康服务、家政服务标准化示范基地等10个领域。2009年，"阳光大姐"被国家标准委确定为首批国家级服务业标准化示范单位，起草制订了812项企业标准，9项山东省地方标准和4项国家标准；2010年，"阳光大姐"商标被认定为同行业首个"中国驰名商标"；2011年，"阳光大姐"代表中国企业发布首份基于ISO26000国际标准的企业社会责任报告；2012年，"阳光大姐"承担起全国家政服务标准化技术委员会秘书处工作，并被国务院授予"全国就业先进企业"称号；2014年，"阳光大姐"被国家标准委确定为首批11家国家级服务业标准化示范项目之一，始终引领家政行业发展。

《阳光大姐金牌育儿》系列丛书对阳光大姐占据市场份额最大的月嫂育儿服务进行了细分，共分新生儿护理、产妇产褥期护理、月子餐制

总　序

　　这是一套汇聚了济南"阳光大姐"创办十多年来数千位优秀金牌月嫂集体智慧的丛书；这是一套挖掘"阳光大姐"金牌月嫂亲身经历过的成千上万个真实案例、集可读性和理论性于一体的丛书；这是一套从实践中来、到实践中去，经得起时间检验的丛书；这是一套关心新手妈妈的情感、生理、心理等需求，既可以帮助她们缓解面对新生命时的紧张情绪，又能帮助她们解决实际问题的充满人文关怀的丛书。

　　《阳光大姐金牌育儿》丛书出版历经一年多的时间，从框架搭建到章节安排，从案例梳理到细节描绘，都是一遍遍核实，一点点修改……之所以这样用心，是因为我们知道，这套丛书肩负着习近平总书记对家政服务业"诚信"和"职业化"发展重要指示的嘱托。

　　时间回溯到2013年11月27日，正在山东考察工作的习近平总书记来到济南市农民工综合服务中心。在济南阳光大姐的招聘现场，面对一群笑容灿烂、热情有加的工作人员和求职者，总书记亲切地鼓励她们：家政服务大有可为，要坚持诚信为本，提高职业化水平，做到与人方便、自己方便。

　　习近平总书记的重要指示为家政服务业的发展指明了方向。总结"阳光大姐"创办以来"诚信"和"职业化"发展的实践经验，为全国家政服务业的发展提供借鉴，向广大读者传递正确的育儿理念和育儿知识，正是编撰这套丛书的缘起。

济南阳光大姐服务有限责任公司成立于2001年10月，最初由济南市妇联创办。2004年，为适应社会需求，实行了市场化运作。"阳光大姐"的工作既是一座桥梁，又是一条纽带：一方面为求职人员提供教育培训、就业安置、权益维护等服务，另一方面为社会家庭提供养老、育婴、家务等系列家政服务，解决家务劳动社会化问题。公司成立至今，已累计培训家政服务人员20.6万人，安置就业136万人次，服务家庭120万户。

在发展过程中，"阳光大姐"兼顾社会效益与经济效益，始终坚持"安置一个人、温暖两个家"的服务宗旨和"责任+爱心"的服务理念。强化培训，推进从业人员的职业化水平，形成了从岗前、岗中到技能、理念培训的阶梯式、系列化培训模式，鼓励家政服务人员终身学习，培养知识型、技能型、服务型家政服务员，5万余人取得职业资格证书，5000余人具备高级技能，16人被评为首席技师、突出贡献技师，成为享受政府津贴的高技能人才，从家政服务员中培养出200多名专业授课教师。目前，"阳光大姐"在全国拥有连锁机构142家，家政服务员规模4万人，服务遍布全国二十多个省份，服务领域涉及母婴生活护理、养老服务、家务服务和医院陪护4大模块、12大门类、31种家政服务项目，并将服务延伸至母婴用品配送、儿童早教、女性健康服务、家政服务标准化示范基地等10个领域。2009年，"阳光大姐"被国家标准委确定为首批国家级服务业标准化示范单位，起草制订了812项企业标准，9项山东省地方标准和4项国家标准；2010年，"阳光大姐"商标被认定为同行业首个"中国驰名商标"；2011年，"阳光大姐"代表中国企业发布首份基于ISO26000国际标准的企业社会责任报告；2012年，"阳光大姐"承担起全国家政服务标准化技术委员会秘书处工作，并被国务院授予"全国就业先进企业"称号；2014年，"阳光大姐"被国家标准委确定为首批11家国家级服务业标准化示范项目之一，始终引领家政行业发展。

《阳光大姐金牌育儿》系列丛书对阳光大姐占据市场份额最大的月嫂育儿服务进行了细分，共分新生儿护理、产妇产褥期护理、月子餐制作、婴幼儿辅食添加、母乳喂养及哺乳期乳房护理、婴幼儿常见病预防及护理、婴幼儿好习惯养成、婴幼儿抚触及被动操等八册。

针对目前市场上出现的婴幼儿育儿图书良莠混杂，多为简单理论堆砌、可操作性不强等问题，本套丛书通过对"阳光大姐"大量丰富实践和生动案例的深入挖掘和整理，采用"阳光大姐"首席技师级金牌月嫂讲述、有过育儿经验的"妈妈级"专业作者执笔写作、行业专家权威点评"三结合"的形式，面向广大读者传递科学的育儿理念和育儿知识，对规范育儿图书市场和家政行业发展必将起到积极的推进作用。

"阳光大姐"数千位优秀月嫂亲身经历的无数生动故事和案例是本套丛书独有的内容，通过执笔者把阳光大姐在实践中总结出来的诸多"独门秘笈"巧妙地融于故事之中，使可读性和实用性得到了很好的统一，形成了本套丛书最大的特色。

本套丛书配之以大量图片、漫画等，图文并茂、可读性强，还采用"手机扫图观看视频"（AR技术）等最新的出版技术，开创"图书+移动终端"全新出版模式。在印刷上，采用绿色环保认证的印刷技术和材料，符合孕产妇对环保阅读的需求。

我们希望，《阳光大姐金牌育儿》系列丛书可以成为贯彻落实习近平总书记关于家政服务业发展重要指示精神和全国妇联具体安排部署的一项重要成果；可以成为月嫂从业人员"诚信"和"职业化"道路上必读的一套经典教科书；可以成为在育儿图书市场上深受读者欢迎、社会效益和经济效益双丰收的精品图书。我们愿意为此继续努力！

前言："看孩成痴"的亓大姐

　　亓向霞，济南阳光大姐服务有限公司首席技师月嫂，用户们都亲切地称她"亓大姐"。

　　亓大姐进入月嫂行业纯属偶然。

　　2004年，亓大姐还在摆地摊、赶夜市。赶夜市时碰到收税的，几次下来，亓大姐发现收税的只收她的，不收旁边摊的，一问才知道，敢情是别人都有失业证。亓大姐也想办失业证，在别人的指引下，去找济南市妇联，却误打误撞地去了妇联办的阳光大姐服务有限公司。

　　一进门，亓大姐就被负责培训的闫老师看上了，就不让走了，当即就开始培训学习，连培训费都允许拖后再交。亓大姐不明就里地参加了培训，却发现这可能正是自己喜欢的职业。而更让亓大姐想不到的是，第二天交培训费的时候，一眼就被来找看孩子的用户看上了。任由亓大姐怎么解释，用户就是认定非她不行，说："一看你的面相，就知道是个真心疼孩子的。"也就是用户这一句信任的话，让亓大姐感动着，并且一门心思地扑在不断探索如何看好孩子的道路上。

亓大姐通过学习相继取得了高级家政服务员、高级育婴师、高级营养配餐师、高级保健按摩师、养老护理技师等职业资格证书。别人都劝她，不用这么努力，再努力用户也不会多给钱，只要负责任就行了呗。亓大姐却不认同这样的观点，她质朴地认为："用户请你，就是为了让你看好孩子。我虽然没上过大学，但是我还是知道'看'和'看好'的区别。我没有别的想法，就是想看好孩子，确实发自内心地想要不停地学习，而且越学越觉得看好孩子是门很深的学问，越想不停地钻研下去。"

就是由于有了这么一个简单的想法，亓大姐除了熟练掌握婴幼儿的科学喂养、护理知识外，还开始研究婴幼儿按摩，买书，请教医院专家，经常通过按摩解决宝宝不舒服的问题；亓大姐痴迷于早教，不仅买书自学，还自掏腰包参加早教培训班。亓大姐认为宝宝的好习惯会影响随宝宝一生，所以还特别重视宝宝良好习惯的养成。成为高级技师后，亓向霞利用业余时间给新月嫂授课，总是帮助新学员尽快掌握育婴护理中怎样给孩子养成良好的生活习惯。让亓大姐特别有成就感的是让一个早产异常的新生儿恢复了健康，并给宝宝养成了良好的生活习惯，宝宝妈妈至今还是称亓大姐为"恩人"。亓大姐这些宝贵的实践经验还为阳光大姐起草制定相关标准、开展课题研究工作提供了重要的素材。她在2011年参与国家人社部母婴生活护理标准课题研究工作；同年参与了国家人社部组织的《家政服务员》教材育婴部分的案例提供及编写工作。

十年来，亓大姐用真心、细心、耐心、爱心护理了100多位产妇和婴幼儿，培训学员5000多人，亲自带出10多名金牌月嫂，通过自身的示范带动作用，教育引导更多的家政服务员成为学习型、知识型、技能型人才。这本书的整理过程中，我曾访问过亓大姐服务过的用户和阳光大姐公司分管业务的高玉芝副总经理，他们都一致认为亓大姐一门心思扑在了孩子身上，对孩子的看护已经不能用负责任来肯定了，而是可以总结成四个字：看孩成痴。

目录 ● contents

写给家长的话

　　每个父母都无私地爱着自己的宝宝，尤其是现在生活条件好了，每个父母都想尽最大努力给孩子最好的。什么是最好的？丰厚的物质财富？当然无可厚非，但如果只留给孩子物质性的财富是不可靠的。那什么才是父母给宝宝最好的礼物？古印度有句谚语："播种行为，收获习惯；播种习惯，收获性格；播种性格，收获命运。"这句话深刻揭示了良好的习惯对人一生的重大影响，同时也告诉我们，只有帮助孩子养成良好的习惯才是真正对他们的一生负责。

　　良好的生活习惯、良好的卫生习惯、良好的行为习惯，是每位父母都有能力送给孩子、可保障他们一生幸福健康的最可靠的礼物，是每位父母送给孩子的最宝贵的财富，是生命中最美的馈赠。

写给爸爸、妈妈的话

　　爸爸、妈妈是宝宝的第一任老师，对宝宝的影响最大，所以在宝宝良好习惯的养成过程中，一定要注意三个方面：

首先，要充分发挥榜样和环境的引导作用

　　宝宝良好习惯的养成是一个漫长而艰辛的过程，所以宝宝的好习惯越早培养越好。

爸爸、妈妈自身要做好宝宝的榜样，用自己的模范行为影响和熏陶宝宝养成良好的习惯。当宝宝出现不良行为时，爸爸妈妈要注意不要重复宝宝的不良行为，特别是无意间出现的不良行为。不管爸爸妈妈出于好玩的目的也好，还是本着要纠正宝宝的不良习惯和行为也罢，不断在宝宝面前重复，只会强化宝宝的这一行为，反而不利于不良习惯和行为的纠正。正确的做法是漠视宝宝的不良习惯和行为，表扬宝宝在纠正不良行为过程中进步的方面，强调宝宝的优点，这样才能引导宝宝自觉自愿地纠正不良习惯。

同时，爸爸、妈妈如果和爷爷、奶奶或者姥姥、姥爷一起养育宝宝，一定要和老人沟通好，特别是在宝宝懂事之前，大人在宝宝面前做的事说的话都要考虑周到，尽量给宝宝营造一个有利于好习惯养成的环境。要知道，良好的家庭环境和良好的家庭氛围对于宝宝养成好习惯是必不可少的。

其次，要有耐心

一个好习惯的养成往往需要花费大量的时间和心力，尤其对于宝宝来说，他们刚刚来到这个世界不久，很多事情可能在大人眼里非常简单，甚至觉得是与生俱来的，比如规律地吃饭、自己喝水，但对于宝宝来说却是从头要学的很繁杂的事情。所以，爸爸妈妈要有耐心，一遍教不会，两遍；两遍还不会，就来三遍。特别是在纠正不良习惯的过程中，不要想着一步到位，而是一定要牢记减法法则。什么是减法法则？比如宝宝吃饭乱跑，一会儿玩玩具、一会儿看电视，一顿饭要吃近一个小时，纠正宝宝吃饭乱跑的习惯时，不要想让他一次就坐下来乖乖吃，只要同样的饭量，下次吃饭的时间缩短了，这就是进步。当然爸爸、妈妈对宝宝的进步也要及时肯定：宝贝不错，比以前有进步，再好一点会更好。纠正宝宝不良习惯，要慢慢来，好习惯的养成和不良习惯的纠正都贵在持之以恒。

第三，坚持原则

爸爸、妈妈在宝宝好习惯养成的过程中，一定要注意坚持原则。为宝宝制定了规则就要遵守，不能朝令夕改，不能有令不行，更不能因为一时心疼就轻易放弃了，否则极易造成宝宝对好习惯认知的混乱，反而更不易改掉不良习惯。

爸爸妈妈也要坚持自己育儿方面的原则：不要拿孩子开玩笑；不要欺骗孩子，答应孩子的事情要做到，在孩子面前一定要诚实；不要不懂装懂；做错了就立刻赔礼道歉。这样才能给孩子树立好的榜样，为孩子良好习惯的养成创造良好条件。

写给爷爷、奶奶、姥姥、姥爷的话

微信上曾经流行过一段话：妈妈生，姥姥养，爷爷、奶奶来观赏，姥爷天天菜市场，爸爸回家就上网。现在很多宝宝都是家里长辈帮忙带，这段话确实一定程度上是现实的写照。虽然长辈照看孩子已经很辛苦了，但是这和父母照看孩子还是有很大区别的，尤其在宝宝好习惯的养成方面，我还是要嘱咐爷爷、奶奶和姥姥、姥爷这些长辈一些话。

首先，给宝宝的是疼爱，绝不是溺爱，这一点很重要

古话说"隔辈亲"，一点也不假。老人对宝宝的疼爱经常会不经意的变成溺爱：会忍不住帮宝宝做好所有的事情，听不得爸爸、妈妈对宝宝说一句重话，宝宝想吃啥就给啥，想要啥就买啥……这些不仅不利于

宝宝良好习惯的养成，更不利于宝宝的成长。

长辈对宝宝异常疼爱是人之常情，但是疼爱不等于溺爱。在给宝宝爱的同时，要理智地认识到什么是对宝宝更好的做法；应该教会宝宝分辨什么是对什么是错，什么是好什么是坏；放手让宝宝做一些自己能做的事情，不要总是包办代替；教会宝宝尊重长辈，懂得感恩和分享等。

其次，多和宝宝爸爸、妈妈沟通，多学习一些新的育儿理念和方法

有长辈帮忙照看宝宝的家庭，经常会出现长辈和宝宝父母在教育孩子问题上发生争执的情况。

记得我的一个客户，是姥姥、姥爷帮忙照看宝宝的。有一次姥爷做了很好吃的红烧肘子，非得给1岁3个月的宝宝吃一点，而妈妈就是不同意。姥爷说："尝尝怎么了？"而妈妈则反问："给宝宝吃的目的是什么？既没有什么营养，而且太过油腻。"最后长辈赞成吃，爸爸、妈妈坚决反对吃，争执了半天，一起把目光投向我。我立即抛出我的观点：谁养的孩子谁说了算。那家长辈也是比较讲道理的，在吃的问题上，宝宝的爸爸、妈妈表明自己的立场，长辈也给予了尊重。

但是在很多家庭，当长辈和爸爸、妈妈在看护宝宝的问题上发生冲突时，长辈会觉得："你还是我养起来的呢，我还用你教？"尤其是在生活习惯的养成方面，经常会出现这样的情况，妈妈给宝宝制定的规则或者布置的事情，到了爷爷、奶奶那儿就不一样了，或者宝宝撒撒娇闹一闹，不合理的要求也被答应了。这样其实很不好，非常不利于宝宝良好习惯的养成。

因而，当两代人在育儿观念上发生冲突时，长辈要多跟宝宝爸爸、妈妈进行沟通，不要固执己见；年轻的爸爸、妈妈们应该提前跟长辈就宝宝的问题多一些温和的沟通，避免在宝宝面前暴露分歧，引发更多问题。在宝宝良好习惯的养成过程中，要做到全家要求一致。老人们平时可以利用各种渠道多接触一些新的育儿理念与方法，比如多阅读一些现代育儿书刊，提高自己科学育儿的水平，以弥补隔代育儿的不足。

01

吃饭篇
爱吃饭的小乖乖

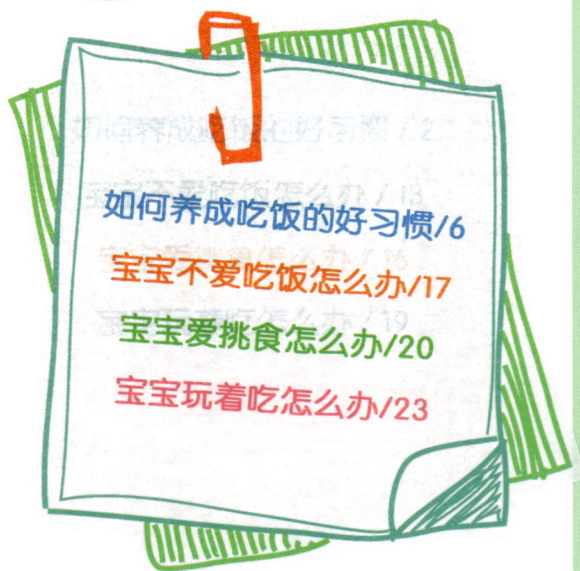

如何养成吃饭的好习惯

　　我这些年看护过很多宝宝，也接受了无数宝宝妈妈的咨询。在宝宝习惯养成方面，相信宝宝不好好吃饭这个问题很多爸爸、妈妈都有烦恼：宝宝挑食、偏食或者边吃饭边玩耍，得追着撵着喂饭……只要一提起吃饭，爸爸、妈妈就头疼。其实，孩子就像一张白纸，你把他培养成什么样子他就是什么样子。孩子出现这样那样的问题，就是因为家长一开始就没有给他养成好的习惯。

　　我曾经带过一个叫航航的宝宝。航航一开始是由姨妈看护的，到一岁两个月，还不会走路不会叫人，关键是吃饭也不好，每次体检身体都不达标。最后没办法，请"阳光大姐"的月嫂去给他调调饮食。

　　我去了之后发现航航除了奶粉几乎没吃过正餐，而且尤其偏爱吃零食。经过询问我发现，航航妈妈特别爱吃零食，导致航航也边玩边吃，用航航妈妈自己的话说，航航属于散养式的。可是这散养式的结果是孩子真的像"小难民"一样，我看得心里非常难受，非常希望航航像别的小宝宝一样能爱上吃饭，有个强壮的身体。

　　我虽然急，但也知道培养良好的饮食习惯不是一朝一夕的事，这个过程是漫长的，而且特别需要耐心，不

然就会适得其反、前功尽弃。

我首先要求航航吃饭要定时定点，也就是要在固定时间和固定地点吃饭。我建议航航妈妈买了个宝宝餐椅，放在餐桌旁，只要是吃饭时间，不管航航想不想吃，我都把他放在餐椅上坐着，喂他吃饭；大人吃饭的时候他无论吃饱了还是没有吃饭，都要把他放在餐桌旁坐着，目的就是让他知道这是吃饭的地方，培养他吃饭的专注度。别的宝宝开始添加辅食时就要养成的习惯，而航航一岁两个月了才开始培养。不过让我觉得欣慰的是航航这方面做得很好，这个习惯一个星期就养成了。

其次，调整航航的饮食习惯不能按照一岁两个月宝宝的标准来，因为他基本上未添加过辅食。我喂饭时发现，航航虽然长牙了，但是懒得咀嚼，食物吃到嘴里直接吞咽，吞咽能力特别差，所以航航的辅食只能从肉泥、肝泥这些泥状食物开始添加。

那应该添加多少量呢？我又观察了两天，发现航航还是比较乖，他能安静地一气把30克食物吃完，所以一开始，我就从30克开始加，航航吃完30克就去旁边玩去了，我也不再逼他吃更多。你也许会觉得一岁两个月的孩子，一餐吃30克可能吃不饱，但是一定要注意这时候不能强迫他继续吃，否则会造成他对吃饭的抵触情绪。

这样一餐30克吃了五天，我就考虑着怎么增加他的食量。

经过五天的观察，我发现他喜欢汽车卡片。我就想：好，你吃30克不跑，那这次我给你盛50克，如果不跑最好，如果跑，我就给你看大汽车。果然，航航吃到30克的时候就坐不住想去玩了，这时候我拿出他最喜欢的汽车卡片，给他看大汽车。因为宝宝一岁两个月了，虽然不会说，可是什么都懂，我就耐心地对他说："你现在饭还没有吃完，那阿姨给你讲个汽车的故事，你把饭吃完好吗？"我就给他编关于汽车的故事，告诉他哪个是爸爸的车，哪个是妈妈的，哪个是宝宝的，这样航航就顺利地把50克吃完，但50克远远不是他一顿饭的量，还需采取这样的方式，慢慢地增加饭的量和种类。

这里要说的是，吃饭给他看汽车卡片也实属无奈之举，主要是通过这种方式，先培养宝宝吃饭专注度。在航航一顿饭能吃掉一碗米饭的时候，我果断地让汽车卡片退出了航航的餐桌。我们不能为了养成一个好习惯又造成了另一个坏习惯。

两个月过去了，航航吃饭的表现很棒了，身体各项指标也达到标准了。

对于宝宝来讲，吃饭的重要性不仅在于补充身体必需的营养，还可以培养宝宝的生活自理能力，养成良好的生活习惯。一旦养成良好的习惯，不仅在童年受益巨大，而且对其一生都有好处。那如何让宝宝养成良好的饮食习惯呢？

不要忽视母乳喂养期间潜移默化的影响

要养成宝宝良好的饮食习惯，我们先来弄清楚一个问题：什么时候开始培养宝宝的饮食习惯？大多数人的观点是从添加辅食时开始注意培养宝宝良好的饮食习惯。但是我觉得宝宝的饮食习惯早在母乳喂养期间父母就应该注意了。

不要小看宝宝，宝宝都是有意识的。我做过一件非常有趣的事，连医院的医生都觉得很有意思。一般妈妈在产房里喂奶时，右边乳房比较方便就喜欢喂右边的，左边的不方便，就很少喂，因为孩子习惯了右边，加上孩子天生的自我保护意识，如果喂他左边乳房时，他会

觉得怎么跟原来的感觉不一样了呢，他就会感觉到不安全，所以宝宝就排斥左边乳头。我看过一个英国的纪录片，一个宝宝不吃奶，家长就对着孩子说了好长时间的话，宝宝就乖乖地吃奶了。我觉得挺神奇，就找人翻译过来，大致的意思就是告诉孩子："你要知道你生下来是干什么的，你连吃饭都不卖力，你长大了能做什么？"我就想给不吃奶的宝宝上一课试试，问问他为什么不吃乳头？我抱起宝宝对他说："宝贝你吃饭都不卖力，你长大了还有什么力气干别的呢？这就是你的饭碗，你现在就要好好地吃，长得壮壮的，你一定要朝你的右侧张大嘴巴，使劲吃，吃饱了才能有精神跟阿姨说说话聊聊天啊，你也能好好地香香地睡一觉啊。"当我对他说了一分半钟的时候，他很不情愿地看了我一眼，然后朝他右侧吃奶去了，好像在说："我吃还不行吗，你可真能啰嗦。"由此可见，从新生儿开始，宝宝虽然不一定听懂大人的语言，但他能够领悟大人的意思。

其实孩子饮食习惯的养成早在喂母乳期间，父母就应该注意了。初为人母的妈妈们喂奶时不要太紧张，大人的紧张容易影响到宝宝。宝宝紧张了，会觉得吃奶是一件很可怕的事情，就会排斥吃奶。所以喂奶之前大人不要紧张，要营造一种温馨的氛围，妈妈要暗示宝宝，这奶多么好吃、多么香，通过吃奶和妈妈接触是多么幸福的一件事情。等给宝宝吸奶的时候，妈妈很羡慕地看着他：宝贝你真幸福啊，看看你吸得多香啊，我都想吃一口了。宝宝就会很珍惜这件事情，很卖力地吸。等宝宝吸到奶的时候，他会很兴奋，我们再适时地表扬：宝宝你表现真好，好好吃饱，下次再卖力地吸妈妈的奶。

每次都利用喂奶的时间做这样的亲子互动，宝宝就会慢慢接受妈妈的信息，这对辅食添加阶段的良好饮食习惯的养成会有潜移默化的帮助。

我带的一个宝宝的妈妈，喜欢看着手机或电视喂奶，小宝宝对此是有感觉的，当妈妈的心思不在喂奶上的时候，小宝宝就不愿意吃奶，每次饿得小嘴到处找，但是就是不含妈妈的乳头，就因为他妈妈的心思没在宝宝身上。这时，宝宝妈妈就招呼我："阿姨快来给我解读解读孩子为什么不吃奶？"我都得给孩子说上好多话："宝宝，这是你的饭碗，你要吃才行，妈妈是爱你的，你吃了妈妈的奶抵抗力才强，才不会生病呀。"每次都要沟通上一段时间小宝宝才吃奶。

添加辅食后吃饭习惯的养成

随着宝宝慢慢长大，我们开始给宝宝添加辅食，这时就要着重培养宝宝良好的吃饭习惯。其实在上面航航的案例中，用玩具吸引孩子注意力来吃饭是因为要纠正孩子原来的不良饮食习惯，不得已而为之，最好的吃饭习惯是不需要任何外力干涉，孩子就能好好吃饭。怎么才能做到这一点呢？随着这些年实践经验的积累，我觉得有四个原则，我们一定要把握好。

原则一：吃饭要定时、定点，但不必定量

在用餐方面，需要固定座位和时间。这是培养良好习惯的非常重要的一步。

定时　吃饭的时间点，可根据自己家的实际情况自己安排，时间一定要固定。须注意的是：三餐之间的间隔以3～4小时为宜。

在添加辅食之前，一定要空出一个小时不要喂零食，包括水。

给宝宝喂饭的时候一定掌握七八成

饱，千万别喂撑了，因为要给宝宝留出吃水果的空间。

定点　只要吃东西，就要上饭桌，不在饭桌上就不能吃东西。宝宝刚能坐稳的时候，我们就把他放到宝宝椅里面吃饭。宝宝一般刚开始都很听话，一会儿就乖乖地把饭吃完了。随着时间的推移，新鲜感很快就会过去，当他意识到自己被束缚住的时候就坐不住了，不愿意坐在宝宝椅里面，或者吵闹，或者要玩具，达不到目的就大声哭喊。

这时候是最考验家长的，我对宝宝妈妈说："一定不能妥协，一是不能给玩具，二是不吃完饭不许离开宝宝椅，如果这次你妥协了，以后就会不停地妥协，好习惯就很难养成了！"宝宝妈妈非常配合，宝宝的独立吃饭计划得以顺利进行。以后每次吃饭的时候，我都会把宝宝的玩具拿离他的视线，同时转移他的注意力，比如把对面墙上的画指给他看，对他说："宝宝快看，小兔子在吃胡萝卜了！我们看看是你吃得快还是小兔子吃得快！"一般孩子会马上把刚才的事情忘记，把注意力转移到吃饭上来。这样坚持一段时间，孩子们自然会养成习惯，吃饭的时候会主动坐到宝宝椅上，还会教育别的小朋友："吃饭不能玩玩具，不能乱跑！"

不必定量　俗话说"小孩鸡一天狗一天"，在宝宝吃饭方面，要顺其自然，不要强迫孩子。在孩子食欲不振时，少吃一顿并无大碍，多数孩子饿了自然会吃。须注意的是，不是说孩子随时饿就随时吃，还是要坚持定时的原则，要等到下一餐再吃。

我曾经看护过一对双胞胎，这对宝宝是早产儿，出生时的身高、体重一模一样，都是38厘米、1.5千克，在保温箱里足足待了一个月。后来在我和宝宝家长的精心照顾下，宝宝每天在固定的时间吃奶、喝水、加辅食，身体状况一天比一天好，生长指标也在向正常宝宝靠拢，非常活泼可爱。孩子能吃饭了，这可把一家人高兴坏了，都争先恐后地喂孩子吃东西，就怕孩子少吃了。一旦某一天少吃了一点，爷爷、奶奶就紧张得不得了，总想着再给宝宝吃点别的东西。我在时，还能控制一下，但是有一次我休班，就有点儿大意了，没有嘱咐好家长孩子吃多吃少不要强迫他。这次就出了一些问题，最先出现情况的是男宝宝，忽然有一天男宝宝开始拉肚子，又过了两天女宝宝也出现了相同的情况。宝宝拉肚子很容易造成营养不良，小兄妹俩的情况又很特殊，于是我们马上去了医院。化验结果出来，大便中并没有病菌，所以确定原因就是消化不良。经过这次的教训，我对宝宝们的饮食管理严格了起来，上班时宝宝的饮食由我全权负责，下班时也会把宝宝的饮食状况和注意事项给家长交代清楚后再离开。家长与我的配合度也明显高了很多，再想给宝宝

喂东西的时候都会事先问我，于是类似的问题就再也没有发生过。我也很感谢家长的通情达理。

刚开始给宝宝喂辅食的时候一定要小心，注意观察，宝宝不再张口吃了就不必再喂，不要片面追求多吃，否则很容易吃撑造成消化不良。有些家长担心宝宝营养不良，强迫宝宝多吃，这对宝宝的个性是一种可怕的压制，会让宝宝觉得吃饭是极不愉快的事，会逐渐形成顽固性厌食。老话说的好："要想孩子安，三分饥和寒。"我们给孩子做饭时要记住不要做得太多。比如孩子需要70克，我们只做50克或者60克，让孩子感觉不够吃，这样才会使孩子对下一餐产生强烈的欲望。我的观点是让孩子吃得永远欠一点。孩子每顿饭吃个七八成饱就行，要给孩子留出吃水果和点心的余地。我带的孩子一般早上要吃好。像我现在带的这个宝宝宁宁，一岁一个月，我是这样安排他用餐的：我早上8点到，先给他喝点水或者奶粉，9点左右一般用两个蛋黄、一个蛋清，再加一点瘦肉、一只对虾、两个香菇、一把油菜叶子蒸个鸡蛋羹（当然其间配的蔬菜要经常换，以保证营养均衡），再配上一碗小米油；然后领宝宝出去玩一个多小时，一上午就不再吃别的；中午12点左右，喝260毫升奶粉，睡个好觉，中午我一般不再给他吃辅食，因为睡前吃多了，怕他休息不好；午觉睡醒后，吃水果或者喝用五六种水果打成带果肉的果汁；然后过半小时洗澡，洗完澡喝水；下午四五点钟，再吃一顿辅食，米饭面条配菜、小包、馄饨等换着样吃；晚上临睡前再喝260毫升的奶。一天中间不用加太多的点心、水果，因为要给宝宝的胃留出一点儿空间，宝宝的胃才能得到充分的休息，吃饭的时候才有饥饿感，吃得才香。

原则二：营造吃饭的氛围

要想让孩子吃好饭，首先要做到给孩子提供良好的吃饭氛围。

吃饭时，大人不要大声讲话，要专注和非常享受地用餐，要让孩子在20分钟之内吃完饭，吃不完也要收起来并且说到做到。

做完饭了，可以让孩子一起去厨房把饭菜端到餐桌上。这个过程中，大人可以通过语言和表情表达出：饭菜可真香啊！在"饭菜很香"的暗示下，把孩子抱到餐椅上，拿两块抹布，喂饭者一块，孩子一块，告诉孩子吃饭前先擦擦桌子，然后等着饭凉。注意，很多家长喜欢用嘴把饭菜吹凉喂孩子，我很不认同这种做法。因为在用嘴吹凉饭的过程中，很容易将细菌传染给孩子，造成交叉感染。

在确认孩子坐在餐椅上系着安全带很安全的情况下，就要把孩子的视线转移到饭上。通过语言和表情去引领和暗示他，让他也很急切地想要吃饭："哎哟，这饭真是香啊。而且还做得这么漂亮，这么香、这么漂亮的饭我真想吃一口啊！"配合着表情，真心地表现出想要把它吃下去的感觉。大人的态度和行为动作，吸引了孩子的注意，孩子也不擦桌子了，他会觉得这个饭确实香，嘴张得很大。这时饭也冷得差不多了，说"啊——张嘴巴"，他本能地张嘴"啊——"，把饭喂给孩子，注意不要立即把勺子拿出来，可以放一会，让他感受。他开始咀嚼后，大人也不用说太多的话，就跟着他一块嚼，而且要嚼得非常香，其实孩子是跟着在嚼，因为孩子在无意识地模仿，他在模仿的过程中，那口饭就吃掉了。这时，大人又开始凉第二勺饭，经常是这第二口饭还没凉好，他已经急不可耐地要第二口了。然后大人又"啊——张嘴巴"，孩子又跟着吃掉第二口饭，这样，10分钟的过程基本就能喂完孩子。吃完一定要表扬孩子："宝宝真棒，吃得真香啊。"给予孩子表扬，可以树立孩子对吃饭的自信。

因为孩子吃饭时的大脑皮层兴奋期只有20分钟，所以给孩子喂饭一定要在20分钟之内喂完。既使20分钟吃不完，我们也要把饭收起来，因为孩子已经没有吃饭的意识了，胃在此时只是一个容器，再吃任何东西孩子也不会觉得香了。

通过这种方式，大约两天，就是再不爱吃饭的宝宝，只要你坚持原则，宝宝的吃饭习惯绝对能纠正过来。

如果是再大一点的宝宝，吃饭前可能正忙着别的事情，这时候大人也要采用缓和的方式邀请他吃饭，比如可以唱着儿歌把他引导到餐椅上："肚子咕咕叫，请我吃饭了，有件重要事，我可没忘掉。放下手中书，赶紧往外跑，打开水龙头，洗手要记牢。"

宝宝很自然的被儿歌吸引，洗手吃饭，慢慢进入吃饭的状态。

宝宝再大一些，一岁半以后就可以跟大人一起吃饭了，大人一定要注意自己不经意的动作和语言的暗示。比如，吃饭的时候，大人千万不要一边皱着眉头一边用筷子翻菜，还不停地抱怨："哎呦，这是些什么菜，一点儿也不好吃。"宝宝往往会本能地去模仿你。大人在吃饭的时候最好不要讲话，都把注意力放在饭菜上。

原则三：宝宝饮食营养要均衡

爸爸妈妈们对宝宝饮食营养的均衡都很重视，都会有意识地增加宝宝辅食添加的样数，这里我只是提醒三点：

第一，给宝宝添加的辅食不要换得太频繁了，一般三天再换花样。因为宝宝接受某种食物都有一个过程：试吃——适应——喜欢——接受。要等到宝宝接受了再换花样。

第二，给宝宝添加辅食时一次种类不宜过多。为了让宝宝营养搭配均衡，很多家长在给宝宝加辅食时可能提供七八种食物，这是很不可取的。宝宝的消化能力有限，东西吃多了、吃杂了不易消化，我们可以每天添加多种辅食，但一次不要超过五种。

第三，不要因为宝宝对某种食物过敏就不再添加。遇到这种情况家长可以过两个月后，再一点一点少量添加，让宝宝慢慢适应。比如宝宝对虾过敏，试吃一次不行，那就等到两个月后，将一只小对虾分成8～10块，一次放一小块，剁碎，一天吃一次，一个星期后一天放两块，这样，慢慢宝宝就接受了。

宝宝不爱吃饭怎么办
我不爱吃饭！

　　我看护过一个叫龙龙的小宝宝，10个多月了，还对辅食提不起兴趣，每天吃得很少，龙龙的爸妈很是头痛。我去了之后发现，龙龙是全母乳宝宝，不喜欢喝奶粉，有点过分依赖母乳。俗话说"孩子遇到娘，无事哭三场"，龙龙特别黏妈妈，喜欢用小手抚摸妈妈的乳房，看到妈妈就要去吃一会儿奶，只要妈妈陪着玩，玩一会儿也要去吃一会儿奶，根本没办法规律地哺乳。我问妈妈为什么不断奶，妈妈说不舍得。但是，我觉得宝宝到了吃辅食的月份，却因为过分依恋母乳影响到辅食的添加，这时就应该果断断奶。当然，断奶对于全母乳喂养的宝宝和妈妈来说是一件非常痛苦和辛苦的事情，尤其是10个多月，宝宝已经懂得一些事了，断奶更有难度。

　　断奶的第一天，龙龙什么都不吃，就是哭着找妈妈，看到妈妈却吃不到奶，更是气得大哭。这时候，妈妈告诉他："你是大孩子了，要自己吃饭了，吃饭才能长得壮壮的，身体才健康。"说着说着妈妈也心疼地哭起来，几次想喂喂孩子，说慢慢断，都被我制止了。因为孩子很聪明，他这次哭你满足了他，那下次更难断了。第一天，夸张点说，是在妈妈和宝宝抱头痛哭下度过的。但是第二天，情况就好很多了，宝宝开始主动地接受辅食了，因为他明白，哭解决不了问题，填饱肚子更重要。

随着宝宝一天天长大，如果母乳喂养影响到宝宝的辅食添加，妈妈就要果断地给宝宝断奶。因为辅食添加不只是食物的添加，还对宝宝的味觉、牙齿和肠胃的发育有很好的促进作用，更对以后语言的发育有着重要的影响。

宝宝再大一些，能够吃零食了，又出现新问题：正餐不好好吃，零食吃一大堆。零食可不可以吃？可以，但要在不影响正餐的情况下进食。三岁前最好还是不要吃零食，尤其不要吃糖果、巧克力等甜食，以免影响食欲。一般来说，我照顾的宝宝平时是从来不吃零食的，只在饭前一小时吃点儿水果，我也会叮嘱家长，不要让宝宝意识到除了吃饭和水果，还有零食可以吃。如果宝宝超爱吃零食不爱吃饭，可在宝宝想吃零食的时候转移宝宝的注意力，慢慢地减少零食的量，让零食逐渐退出宝宝的餐桌。其实，爱吃零食的宝宝很多时候是因为家长爱吃零食，所以要改掉宝宝爱吃零食的习惯，家长也不要在孩子面前吃零食。时间久了，宝宝自然养成习惯，看见零食一点儿也不感兴趣。这一点说起来简单，做起来很难，尤其对爷爷、奶奶们来说。

我带过一个宝宝，平时吃饭都很规律也很乖，但是每逢我休假，宝宝去爷爷、奶奶家回来后总要闹一两天，要零食吃。有一次宝宝回来又要零食吃，我问爷爷、奶奶谁喂他零食了，谁都不承认。我决定给爷爷、奶奶好好上一课。于是我当天就检查了宝宝的便便，并把其中没消化的东西洗干净放好，结果有核桃仁、瓜子仁、松子、花生，一样一样的问谁

喂的。最后大家都惊讶了：我只喂了一样啊，怎么这么多。原来那天姥姥、姥爷来看宝宝了，大家都很疼爱宝宝，都想给他喂点儿东西，因为我先前提醒过不要给孩子吃零食，他们觉得就自己喂一点儿没关系，结果呢，爷爷喂一点儿、奶奶喂一点儿，姥姥也想喂一点儿，姥爷也想偷偷喂一下，就出现了上边那些不消化的东西。

要知道，宝宝养成一个好习惯需要很长时间，但是形成一个坏习惯有时只需要一次，况且宝宝吃零食并没有什么好处。要养成宝宝良好的饮食习惯，需要家长结成统一战线。

如果宝宝不爱吃饭，上述方法也不好使，可以试试睡眠记忆法。等宝宝睡着了，可以慢慢告诉他："哎，宝贝，你要吃饭啊，你可爱吃饭了，你吃饭可香了。吃饭身体才能健康啊。"这样在宝宝睡着的情况下，唤醒宝宝的右大脑，强化他的睡眠记忆。根据我和同事们的经验，最长一个月就会起到效果。

阳光小贴士

孩子不爱吃饭也有可能是体质的问题，如脾虚等，一般小宝宝可以找中医推拿。

可通过观察判断宝宝是否脾虚：睡觉的时候眼睛半睁着、面色发黄等。

父母守则

每个宝宝好习惯的养成，都离不开家长的支持和配合。为了孩子的健康，家长适当地"狠心"也很有必要。有些家长看不得孩子哭闹，一哭就心软，什么要求都答应，这样不但不能养成良好的饮食习惯，也会给孩子树立一个没有原则的家长形象，影响之后对孩子的教育。

宝宝爱挑食怎么办

我不爱吃蘑菇！

　　我曾经在这样一个客户家服务，带小宝宝的时候，顺便带一下大宝宝。大宝宝6岁了，名叫虎虎。我在他们家第一次做饭的时候，虎虎就跑过来郑重地告诉我："阿姨，我不爱吃蘑菇，你不要做哦。"我很奇怪，就问虎虎妈妈："菌类营养价值那么高，虎虎为什么不爱吃蘑菇呢？"虎虎妈妈当时皱着眉头强调了一遍，说："虎虎不爱吃蘑菇，他对蘑菇可反感了。"后来我才发现是他家人都不爱吃蘑菇。

　　有一天我接虎虎放学，在回来的路上，给了孩子一块我炸的蘑菇，黄黄的软软的，从外表看根本看不出是什么。虎虎尝了尝，问我："阿姨，你做的什么呀？挺好吃的呢。"因为虎虎就爱吃肉，我就善意地撒了个小谎："阿姨做的炸肉，可好吃了，但是这个肉你可能没吃过，家里还有呢，你再好好尝尝。"听我说完，虎虎就陷入我为他营造的这个"炸肉很好吃"的氛围中了，回到家就非常期待着"炸肉"。

　　我把虎虎妈妈安抚回卧室，告诉她不要出来，看我怎么让虎虎吃上蘑菇。虎虎妈妈不放心，扒着门缝在那看，我知道她的心理，她想看看我怎么让虎虎吃下去蘑菇，虎虎可是从来不吃的。

　　一切都很顺利，我把一盘炸蘑菇端上桌子，让虎虎尝尝味道。虎虎尝着尝着就把一盘炸香菇吃了大半，边吃还边感叹："哎哟，阿姨，这是什么炸肉，倒是挺好吃的，可是和我以前吃的炸肉的感觉怎么不一样呢？"我说："你再好好吃吃，这个炸肉有什么不一样？""这个炸肉软软的，不是以前那个咬不动的感觉。"说着嘴里也不闲着，还继续吃着。但是他吃到最后还有三块的时候，虎虎妈妈忍不住了，从卧室里跑出来，冲着虎虎喊道："你知道你吃的是什么？你吃的是蘑菇，你不是不喜欢吃蘑菇的吗？"

👍 月嫂支招

　　孩子偏食、挑食是家长很头痛的问题，其实孩子不吃的东西，孩子并不一定见过，但是家长的行为会潜移默化地影响到孩子。比如虎虎，听到蘑菇，首先如临大敌，先入为主地排斥，不给自己尝试的机会。有些宝宝，看到父母不喜欢吃什么，也选择不吃什么。孩子的偏食挑食，实质上是家长引导的问题。刚生下来的小宝宝没有天生的挑食偏食问题，往往是家长的语言暗示、心理暗示、饮食习惯的影响，才造成孩子逐渐对某些食物排斥。

　　如果宝宝开始表现出对食物的偏好，拒绝吃某种食物，爸爸、妈妈不要强迫他，纠正宝宝挑食的习惯要用功在平时。在吃饭之前、讲故事期间、游戏过程中都要暗示宝宝要多吃蔬菜，多吃蔬菜身体才会棒，才会壮，吃水果身体才不长病等等。

　　平时一定要挖掘孩子不爱吃的食物的优点，通过大人的语言对宝宝暗示，慢慢地让他对这种食物产生兴趣，慢慢去尝试。比如说要纠正宝宝不吃青菜的习惯，那就不能把青菜怎么怎么不好告诉孩子，正确的做法是要强调这个青菜有多么多么的好吃，"看我吃得好香啊"。通过这种行为去影响孩子，主要还是以引导教育和心理暗示为主。可以拿宝宝喜欢的东西给他讲道理："小兔子跳的高不高呀？宝宝想不想像小兔子一样啊？那就要学习小兔子多吃青菜！""大力水手最爱吃菠菜了！宝宝吃了波菜也能变成大力士！"这种办法一般情况下会奏效。还有一个办法，就是先把青菜端上来，把他爱吃的放一边不让他看见，等他把菜吃完再让他吃其他的，宝宝自然什么都吃了。

爸爸、妈妈也可以在宝宝喜欢的食物中加入一点他不喜欢的食物，混合烹调，再逐渐增加他所不喜欢的食物份量，引导他渐渐接受。如果宝宝还是不吃，可以找一种与此类食物营养相近的食物来代替，过一阵再尝试让他吃不喜欢吃的食物。

🌸 父母守则

宝宝一开始并不能区分是甜味的好吃还是苦味的好吃，他们接受所有的食物，所以不要将自己在饮食方面的喜好暗示给宝宝，更不要根据自己的口味选择宝宝的食物。

宝宝玩着吃怎么办

我想玩着吃，奶奶你来追我呀！

    要吃饭了，皓林还不肯放下手中正摆弄的小汽车。爷爷、奶奶只好耐心地劝："你看今天做了什么好吃的？来看看，可好吃了。吃一口吧。"诱惑了半天，皓林很不情愿地拿着玩具坐到了宝宝椅上。可刚吃两口，小皓林就坐不住了，缠着爷爷把他放下来，开始了他每天上演的戏码：吃了两口饭就跑去玩了，爷爷、奶奶怕宝贝孙子饿着，就在后面追着喂，嘴里还不停地劝着："小宝贝，来把这块肉肉吃了，长劲哦。"越是这样，皓林跑得越快，一会儿一个地方，好似故意逗着爷爷、奶奶玩。结果是一个小时跑下来，爷爷、奶奶累得气喘吁吁，皓林却只吃了小半碗饭。

可怜天下父母心，更可怜了这些隔辈亲的爷爷、奶奶们：宝宝不要跑了，奶奶追不上了，来乖，把这口饭吃了；好宝宝，你只要吃饭，就让你看电视；来宝宝，给你这个玩具，你把这口饭吃了。大人为了让宝宝多吃些，总是绞尽脑汁、连哄带骗，只要宝宝肯多吃一些，大人做什么都行。为了提高孩子吃饭的兴趣，让孩子边吃边玩的做法是非常不可取的。这样的喂食方法只会分散孩子吃饭的注意力，慢慢地孩子就养成了一些坏习惯。

一开始没养成良好饮食习惯的宝宝，当他一岁半左右会走会跑了，就很容易出现吃饭满屋跑的现象。要解决这个问题其实很简单，就是按照前面我们讲到的养成良好习惯时要注意的事项去做，定时定点和营造吃饭的氛围，但关键是大人要有坚定的态度。

在每一次吃饭前，家长首先不要急，静下心来对宝贝说："宝贝吃饭了，先洗洗手和妈妈一起把菜端到桌子上好吗？"宝宝可能觉得很有趣，就会帮你的忙。然后告诉孩子："宝贝，我饿了，我要吃饭了，这饭真香啊，你吃吗？"这时宝宝一般都会跟随大人坐好，可是一会儿宝宝就跃跃欲试地想跑，这时候，不管宝宝吃饭表现得有多不听话，跑得多么欢实，大人都不要动，不要说，"宝贝你好好吃饭吧"、"不要乱跑了"、"你听话行吗"之类的话都不要说，只记住一点：以静制动，就坐着吃饭，并表现出对食物的渴求和想吃的欲望。其间宝宝跑过来要，就给他；不要就继续表演，但是20分钟一到，立刻将饭菜全部收走。无论孩子是否吃饱，在这以后至下一次吃饭，不要再给孩子任何东西吃，只让孩子喝水，让孩子体验一下饿的感觉。宝宝吃饭时看电视、玩玩具也是同理，吃饭期间，关掉电视，将宝宝的玩具拿走，正确引导宝宝，先认真吃饭，然后再看电视、玩玩具。如果宝宝不乐意，那么家长要做到：你吃就吃，不吃我也不勉强，但至下次吃饭前，任何东西都不给吃。这样连续几次，孩子吃饭乱跑、看电视、玩玩具的坏习惯就能改掉。因为宝宝知道了，在吃饭的时候不好好吃就会饿肚子，饿肚子的感觉一点也不好，所以宝贝就会珍惜每次吃饭的机会。当然，如果宝宝在吃饭过程中表现得很好，我们要及时给予肯定，树立孩子的自信心。

前边的案例中，皓林妈妈请我去帮助皓林改掉坏习惯，可当我去了之后，皓林的爷爷、奶奶不同意，因为他们觉得皓林的爸爸小时候也是这样喂饭的，不也很好地长大了吗？老人们不觉得这是个坏习惯。等皓林妈妈说服了二老，在纠正的过程中，爷爷、奶奶又怕孙子饿坏了，不时地给块水果，递块饼干，皓林吃饭乱跑的习惯并没有改善。我只好与两位老人郑重地谈了一下，告诉他们这不仅是培养宝宝吃饭的好习惯，还关乎他以后的身体健康，更是对其专注力的培养，而这专注力会对皓林今后的发展产生很大的影响。最后，我们达成共识，一切听从我的安排。皓林的吃饭乱跑的习惯三天就给纠正过来了。

🌸 **父母守则**

让孩子改掉坏习惯的关键一点是：父母要坚持原则，不能动摇。变来变去会让宝宝无所适从，更不利于好习惯的养成。

02

喝水篇
水灵灵的小宝宝

如何养成喝水的好习惯

在宝宝喝水问题上，我们经常会发现这样的情况：

在公园、游乐场，爷爷、奶奶拿着个水杯追在宝宝屁股后面："来，喝水，宝贝，你喝口水。"而我们的宝贝要么根本不予理会，要么象征性地喝一口又跑去玩了；要么水杯在宝宝嘴里含很久也不见水少。这时如果你同情地看爷爷、奶奶一眼，大部分情况都会换来一些抱怨或无奈："愁死我了，这孩子怎么就是不喝水呀！""俺家这宝贝就是不爱喝水，真没招了。"

我遇到这样的场景，通常会毫不客气地说：你孩子绝对不会喝水。为什么？宝宝本来可能还想喝呢，但大人一说"愁死我了，这孩子不爱喝水，实在没招了"，那宝宝就会想："哦，我不爱喝水，那就不用喝了，正好！"大人不断地用语言去强化孩子"不爱喝水"的意识，久而久之，其实也不用多久，三五次的事，就是爱喝水的宝宝慢慢地也不想喝水了。因为宝宝总是听到大人说他不爱喝水，时间一长，宝宝就真的不爱喝水了。

我遇到有的宝宝妈妈觉得孩子喝水是一种本能，应该顺其自然，宝宝想喝就喝，不喝就是不渴。虽然经过沟通，和宝宝妈妈达成了一致意见：要养成宝宝爱喝水的好习惯，但我觉得这也确实代表了一部分妈妈的想法。我要说的是，那么小的宝宝，他还不会用语言表达，如果妈妈不是很有经验，也不会了解宝宝表达了什么，又怎么能判定出宝宝是不是渴了呢？人是离不开水的，水是人生理活动不可或缺的物质。而且宝宝处于生长发育的关键期，如果缺水，会严重地伤害宝宝健康。最新研究显示，宝宝体表面积大，身体中含水量和代谢率较高，肾脏的调节能力有限，更容易发生水不足或缺乏。缺水会损害宝宝的认知能力，影响其大脑的发育，宝宝的幸福感、视觉注意力和视觉追踪能力及短期记忆力都会受到损害，因此，千万不要小看喝水习惯的养成。

那么如何让宝宝养成喝水的好习惯呢？

营造氛围，带动宝宝

要让宝宝养成喝水的好习惯也是要讲究方法的，它跟我们前面讲的培养吃饭的好习惯是一样的原理。要想让宝宝喝水，要给宝宝营造喝水的氛围，通过大人的语言和行为带动宝宝自觉自愿地爱上喝水。

有一个客户，宝宝程程刚出生的时候，我照看了三个月。后来我去他家玩的时候，宝宝妈说："亓姐，你给孩子喝点水吧。"我说："好。"那时宝宝已经13个月了，我就给宝宝倒了150毫升，宝宝对着嘴就开始喝。我一看，呦，喝水还不错。我就跟宝宝妈妈在那说话。我们说了半天，看宝宝还在那喝，就问："程程，喝多少了？"程程妈说："可能喝得不少了！"结果一看，瓶里还是150毫升！看着宝宝光忙活，没见水下去。

为什么？因为在我们聊天的时候程程妈妈把程程抱在腿上，让程程喝水，她自己光忙着和我说话了，没有搭理孩子，这样就分散了宝宝的注意力。程程没有那种喝水的环境，他能喝吗！比如我给月嫂们讲课时要是说"姐妹们，喝水吧"，然后举杯，下面的人即使不渴，也会有好几个跟着举杯。为什么？这就是条件反射。因此，要养成宝宝喝水的好习惯，要的就是语言的引导、行为的暗示、喝水氛围的营造。大人喝水，孩子自然而然地就喝了，这是行为的暗示，大人一定要身体力行，要做表率，孩子往往是无意识地在模仿大人。每次给宝宝喝水前，我们不要说"宝宝，一定要喝水"之类的话，而是将宝宝作为大人一样对待，给予他尊重，每次喝水之前要先询问他一下。比如，我们要自己先说："妈妈渴了，妈妈想喝水了，宝宝要不要喝水啊？"同时，行为的暗示也非常重要。比如喝水时，哪怕我们杯中没有水，也要装着喝得很香，要当着宝宝的面，夸张地说："这水真好喝啊，真解渴啊，水真甜啊，喝水的感觉真爽！""啊，真好喝啊，宝宝也来喝一点吧。"说完把瓶子递给他，当宝宝喝水时，就抓紧时间、及时地给他肯定。如果喝得很好，还要给予表扬，如可以羡慕地说："哟，宝宝你真棒！""这水真好喝啊！对不对？这是花钱都买不到的，只有我们家才有啊。"

要养成宝宝喝水的好习惯，就要营造这样的环境，慢慢地加以引导。一开始不要心急，不要给孩子倒太多的水，不要强迫他喝太多，喝水太多对孩子有负担。先少给一点水，他喝多少算多少，让宝宝心里感觉没有喝够，下次我们一说喝水，宝宝就会主动要求喝。坚持两三天宝宝就能养成习惯。

饮水的种类

现在孩子喝的水的种类很多，白开水、蔬菜水、水果水、鲜榨果汁、葡萄糖水、蜂蜜水以及各种宝宝饮料等。那到底要喝什么水呢？

我有一个客户，宝宝喝白开水挺勉强的。有一次他尿尿的时候，尿布上有点西瓜汁的颜色，宝宝妈妈挺紧张的，就带他去医院检查，医生说多灌点水就没事了。宝宝爸爸就给他买了"清火宝"，宝宝很快就喝下去了。宝宝爸妈都很高兴，宝宝终于爱喝水了。"清火宝"有草莓味、梨味等多种口味可供选择，宝宝肯定喜欢喝，但是我不赞成。后来我们达成一致，非常时期可以特殊对待一两次，但是不能养成宝宝喝"清火宝"的习惯，还是要让宝宝多喝白开水。

那么宝宝能喝什么，不能喝什么呢？我觉得家长们要把握一个原则：宝宝喝进肚子的，除了水分，是否有其他的成分，是否有不良影响。尤其是各种人工配制的饮料，其中含有的添加剂对宝宝的肠胃有刺激，轻的引起不适、妨碍消化，重的还会引起肠痉挛。因此，宝宝喝的水，越天然越好，白开水是宝宝的最佳选择。宝宝新陈代谢比较旺盛，体质较弱，免疫力差，因此对饮用水的要求也比成人高，白开水有利于新陈代谢，可以帮助散热，保持免疫功能，提高抗病能力。果汁、各种饮料中虽然含水，但因为其中含有能量和其他物质，我们不建议孩子把它当成水分的主要来源，最好还是喝白开水补充水分。

　　宝宝出生以后喝的第一口水就是白开水，所以喝白开水是最好的选择。我们进家服务的时候，很多家长就想让孩子多喝一些梨水、苹果水，特别是加辅食的时候，一开始就给宝宝煮果汁喝，这样做也是错误的。正确的做法是一开始要给宝宝喝蔬菜水，因为他接纳了甜水以后，再给他喝白开水和菜水，他就很难再接纳了。

饮水的量

　　我带过一个宝宝，刚去时，宝宝妈妈说："我们家这孩子什么都好，就是不好好吃饭，整天光抱着水壶喝。"我说："爱喝水很好，可也不能喝多，我们还是先观察观察怎么回事再说。"原来是宝宝奶奶给宝宝水里放糖了，水很甜，他就一直想要那甜味，就老要水喝，结果一天尿湿7条裤子。过量饮水肯定也影响别的，比如不好好吃饭。喝水太多可略加控制，在宝宝喝的过程中，看他喝得差不多了，就转移他的注意力，把水瓶拿起来，该喝水的时候再给他，不该喝水的时候就别让他看见。

　　宝宝喝水太多了，一是爱尿裤子，他自己控制不住；第二是抱他的时候，他一急，还

会呛着。所以说，喝水既不能太少，也不能太多，喝水也要讲究适量。

其实，我们传统饮食中含的水分（包括汤、水果、粥）在一个稳定的范围内，是可以代替水的。所以在宝宝平时的饮食中，饮水的量不能超过饮食的50%，每天饮的果汁量不能超过100毫升。有些家长问我宝宝吃饭为什么不好呢？ 你想100毫升的水有时就是他一次的饮量，可能一天要给他喝三四次，饮水的量已经远远地超过了吃饭的量，他还怎么吃饭？那宝宝到底喝多少水是适量的？每个宝宝的胃口都不同，需求也不一样，但有个大致的判定标准，就是观察宝宝的尿液。如果宝宝每天小便次数能够达到6～8次，小便的颜色也清淡不浓，就表示宝宝身体的水份够了，不需要刻意地勉强宝宝喝水了。如果非要给个标准，根据我多年的经验，列出了宝宝每日的饮水量，供各位妈妈参考。

4个月以前的宝宝

因为母乳喂养，如果妈妈喝水多，母乳中的水分充足，宝宝出汗不多，就不需要额外喝水了。当然每个宝宝有其特殊性，如果宝宝很容易出汗；如果宝宝这四个月经历夏天，家里非常闷热；如果宝宝妈妈不爱喝水，就要适当给宝宝多喝点水。

就我的经验来说，宝宝每天早上起床，我都会给宝宝喝10～15毫升水，不需要很多，养成宝宝早晨喝水的好习惯就可以了。

4~12个月的宝宝

这个月份的宝宝开始添加辅食，因为奶水和辅食中都含有婴儿一般所需要的水份，因而适量喝水即可。如果宝宝的活动力较强或较容易流汗，就需要额外多补充些水。

就我的经验而言，一般每天早上给宝宝喝上30～100毫升（随月份增加可增大水量）的水；洗澡后，给宝宝补充30～100毫升的水；下午我带孩子出去玩之前，再给他喝上一定量（30～100毫升，视天气和宝宝个体差异而定）的水，即使他再愿意喝，也是这个量。带着孩子出去玩，我一般规定玩的时间在40分钟以内，玩的时候不需要再喝水；回来后如果宝宝出汗多或天气干燥，就再给宝宝喝30～100毫升的水。

1岁以上的幼儿

这个时候，妈妈责任就重大了，一定要帮助宝宝养成喝水的好习惯。因为一岁以后，宝宝一般很贪玩，一玩起来什么都不顾了，根本想不起喝水的事，等到渴急了，暴饮一顿，这样对宝宝的身体是很不好的。因为等到感到口渴时，身体里的细胞往往已经脱水了，即便是轻度脱水，也会对宝宝健康产生不利影响。因此，妈妈们要随时给宝宝准备好温度适宜的白开水，并及时提醒宝宝喝水。在出汗多的夏季和干燥的春秋季节，以及运动前和运动后，更应该注意补充水分。

就我的经验而言，1～4岁这个年龄段的宝宝，每天给他喝水的量一般是800～1300毫升，这其中还包括喝奶粉的量。最好在睡觉起来、洗澡后、玩之前、两餐之间喝水，少量多次。

在这里提醒家长一定要注意：

① 饭前一小时内以及吃饭中不能大量喝水。因为宝宝的消化能力比较弱，饭前和吃饭中大量饮水会冲淡胃液，影响消化。

② 运动后不宜大量饮水。剧烈运动后，身体细胞处于严重缺水的状态，猛然补水过多，会让细胞吸水膨胀，不利于宝宝身体健康。

影响宝宝对水的需要量的因素比较多，比如年龄、室温、湿度、季节、活动强度、体温以及奶水或食物中水的含量等。在实际生活中如果喝水习惯比较好的话，喝多少水，可随宝宝的意思，若他不愿意喝的话，就说明宝宝体内水分已经足够了。

宝宝不喝水怎么办

我滴水不进哦！

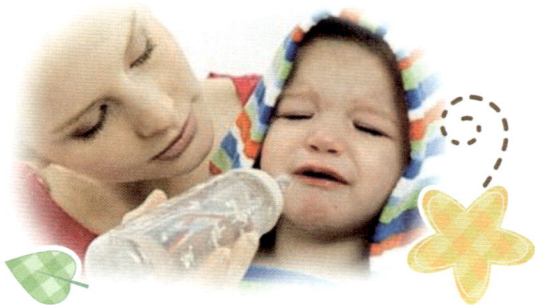

我服务过一家客户，宝宝纯母乳喂养，前三个月是月嫂带的，习惯非常好，吃奶喝水很规律。三个月后，由于姥姥坚持，妈妈不再请月嫂。姥姥遵循顺其自然的养育理念：想喝就喝，不想喝就是不渴。尤其是只有姥姥和妈妈两个人带孩子时，经常会出现忙别的家务顾及不到孩子的情况，所以前三个月养成的喂养习惯没有坚持下来，生活的一些规律打破了。宝宝五个多月添加辅食的时候，出现不认奶瓶的现象。宝宝妈妈也没有尝试着用小勺喂宝宝喝一点水，觉得反正是纯母乳喂养，应该不会缺多少水。

宝宝是5月份出生，月嫂走后，就进入了秋天，经过冬天又来到春天，因为宝宝出汗量不多，所以添加水的重要性显现不出来。但宝宝妈妈还是尝试各种方法让宝宝喝水。买了各种杯子，又是鸭嘴杯，又是学饮杯，外加各种款式的奶瓶，换着杯型、换着颜色、换着款式买了不下十个杯子和奶瓶，就是为了让宝宝喝一点儿水。这个杯子不喝，下次换个别的，为了吸引宝宝注意力能多喝一点儿煞费苦心，宝宝偶尔喝上一口，姥姥和妈妈就非常高兴。

可是进入夏天后，宝宝妈妈就坐不住了。夏天宝宝大量地出汗，一天只有三泡尿，有时候甚至两泡尿，尿非常黄。尤其是宝宝一岁两个月的时候，正好是7月份，宝宝发烧了。夏天加上感冒都是要多喝水的，宝宝发烧，又要吃退烧药，身体大量出汗，可是宝宝依旧喝水不多，想尽了各种办法，宝宝一天总共才喝四五十毫升，好在宝宝还吃着奶，所以宝宝妈妈就多喝水，多让宝宝吃奶来补充水分。经过这次事情之后，宝宝妈妈真的愁坏了，没办法就来求助"阳光大姐"。

👍 月嫂支招

在这个案例中，宝宝妈妈有些做法是不妥的。

首先是换水杯吸引宝宝喝水。其实，喝水的杯子应该固定。如果宝宝不喝水的话，给他找各种杯子，一开始宝宝看到新鲜的，因为好奇，他喝上几口，知道了："哦，还是这个味道，还不就是水嘛。"再换一个，他还是好奇，喝几口，再换，宝宝就知道了："哦，这还挺好，我不喝就有新鲜东西看。"那他就更不喝了，大人能给他换多久？为了让宝宝喝水，大人又给他养成了换杯子的习惯，更有甚者，宝宝可能就会体会出："我一不喝水你就得给我换，就得达到我的要求，是不是别的事情我也能这样？"我们不能为了培养孩子的一个好习惯而养成其他不良习惯，况且这个方法对不喝水的宝宝来说根本起不到作用。

其次是不停地要宝宝喝水，让宝宝出去边玩边喝。喝水是件很自然的事，虽然我们很急切地想养成宝宝喝水的好习惯，但不能在宝宝面前太过强化它，引起宝宝的反感。因而，妈妈们不要一天到晚不停地哄孩

子："宝宝，来喝口水了。"他根本就不渴，大人非让他喝，就很难奏效。而且在宝宝玩的过程中，总是打断他让他喝水、吃东西，很容易分散宝宝的注意力，不利于宝宝专注力的培养。因而，妈妈们一定要杜绝此类情况的发生。

那么遇到不喜欢喝水的宝宝该怎么办呢？

宝宝不喝水，先要看看大人给他喝的水是不是太凉。你一定要记住，宝宝喝的水，水温要和大人喝的差不多，或者稍微再热一点，只要不是过热就行。因为过冷或过热的水都会损伤宝宝娇嫩的胃黏膜，影响消化。一般来说，冬天给宝宝喝的水，水温在30℃左右最为适宜，也就是你抓起来是热的，但不烫。在兑水时，一定先倒凉水，后倒热水，晃匀了，你抓着瓶子，热而不烫手。孩子这样喝水，水在嘴里暖暖的，他咽得非常快；而如果水凉的话，他就一直含在嘴里不想往下咽。夏天水温可以适当低一些，和室温差不多就可以了。

我接过一个宝宝，当时一岁两个月，已经长心眼了。我给他调了合适温度的水，宝宝还是不喝。于是我就又拿出我的绝招：营造氛围。让宝宝喜欢喝水，千万不要说"为什么宝宝不喜欢喝水啊"这类的话。从一开始我就配合着夸张的脸部表情，只强调："这是花钱买不着的，这是世界上最好的饮料，我可想喝了。"就是通过这种方式，慢慢地强化喝水的观念。我喝的时候问他："宝宝喝不喝啊？"宝宝好奇地看着我，

阳光小贴士

宝宝喝水的水温有讲究。夏天喝的水，与室温差不多就行，冬天喝的水30℃左右最适宜。

然后我又夸张地表演一番：不停地动嘴，"咕咚咕咚"地往下咽，不停地说水真香啊。我在自己"咕咚咕咚"地表演的同时，把他的奶瓶递给他，"宝宝喝点儿吗"？宝宝很自然地接过奶瓶喝了几口。喝完又把奶瓶推给我，我赶紧跟上肯定："宝宝真棒啊，喝了这么多水！真香是不是？再喝一点儿吗？"宝宝摇摇头，表示不再喝了。这时，不喝就不喝，即使不够，也不要勉强他，接下来该干什么干什么，忘掉喝水这回事。

等到要领宝宝出去玩之前，我再次营造喝水氛围。比如跟他说："宝宝，要出去玩了，先喝水吧，喝完水才能出去玩。"他不是为了要喝水而喝水，他是为了能出去玩，为了配合你而喝水，而且喝得痛快，虽然喝的量很少，但刚开始不能太贪心，得慢慢来。大人要注意出去玩就是玩，千万别老是让他喝水，如果大人光拿着个水杯追着让宝宝喝水，也不管他渴不渴，这样的结果就是宝宝既玩不好，看到水杯也会不自觉地反感。因而既然让宝宝出去玩，就让他开心地玩、认真地玩，玩就玩好、玩够。

玩上40多分钟，不要时间太长，回去洗洗手，第一件事，就是补充水分。大人要拿起杯子来，哪怕是空杯子，边"喝"边说"哎呀，真是渴死我了"，然后把杯子放下，拿起奶瓶，递给孩子，不用说话他也会多少喝点。这时候我又说："宝贝，给我留点，我还没喝够呢，给我留点。"一岁两个月的宝宝本来就开始调皮了，一听这话，喝得更欢了，没一会，50毫升水就见底了。喝完后，我还要继续营造氛围："你喝的时候怎么没留点给我呢，我喝的时候都留给你了，下次给我喝一点哈。"这就是耳濡目染，他看着你这个痛快劲，会把喝水当作和你的互动，是件有趣的事情，就会自然而然地接受这件事情。

当然，一开始喝水，宝宝不会喝得太多，这时不要心急，等到宝宝对喝水感兴趣了再逐渐增加，但增加到一定的量就不要再给他加了。可以勤喝，但一次的量不要太大。

每天给宝宝规定几次喝水的大致时间，比如说早上起床后、洗澡后、

出去玩之前和回家后。慢慢地，宝宝习惯了，就接受喝水了。

这个宝宝还是比较听商量的，只用三天，宝宝就习惯了喝水。宝宝一家都非常高兴。

但是有的宝宝比较有个性，就是滴水不进，那怎么办？

原来我带过一个宝宝，8个月大，每天喝20～30毫升，我觉得喝得不算多。有一次我觉得他有点咳嗽，就买了梨给他煮，从那以后，喝梨水大约比白开水多一倍。于是我还是每天定时喂水并营造喝水的氛围，只不过将白开水换成煮的水果水，梨、苹果、桃，我都给他煮水喝。他习惯每天定时喝水之后，我慢慢在水果水中加入白开水，先少量加，慢慢地，完全将水果水换成了白开水。因而，如果宝宝不喝白开水，妈妈们不妨煮点水果水给宝宝喝，然后再慢慢过渡到白开水。但要注意，一定是煮的水果水，妈妈不要图省事买现成的果汁冲水给宝宝喝；而且一定要保证每天两次喝白开水，起床后和洗澡后，这两次必须得喝白开水，别的时候可以通过煮的果汁水代替。

还有一个方法就是每次喝水营造完氛围之后，把奶瓶和水都放在那儿，问他喝奶还是喝水呀，让他自己做出选择，他渴了，给他奶粉他也不喝。就是让他的思维慢慢地从无意识变成有意识：哦，在这种状态下，我要喝这个。

如果宝宝再大一些，可以编一个宝宝喜欢的东西或者动画中的人物爱喝白开水的故事，比如喜羊羊和美羊羊特别喜欢喝白开水的故事，引导宝宝喝水。

　　不要小看宝宝，宝宝从出生起就能听懂大人的语气，几个月大就能听懂大人的话。所以在对待宝宝喝水这件事上，父母要营造喝水的氛围，用询问的语气引导孩子喝水，切不可紧追不舍、无时无刻不提醒宝宝喝水，更不可在宝宝面前重复抱怨宝宝不愿意喝水的事。

宝宝只爱喝果汁怎么办

果汁，我的最爱！

　　我去小小家服务的时候，小小已经8个月大了，喝水对他来说依然是非常不乐意的一件事情，但是喝果汁却一次能喝100~150毫升。我一了解，原来从小小添加辅食以来，妈妈给小小喝的就是水果水，至于蔬菜水，妈妈觉得有股怪味，就直接越过了。而尝到甜头的小小自从喝了水果水就不再喝白开水了。后来小小大一点了，连水果水也不喝了。每当妈妈把水拿给小小，小小总是一皱眉，把脸转向一边，那意思好像是说："太难喝了，我可不乐意喝！现在妈妈还想拿煮的水果水给我喝，也不想想我都多大了，我也算老江湖了，怎么还会满足煮的水果水？"于是小小妈妈在尝试各种哄骗办法不成的情况下，转向了鲜榨水果汁。榨完果汁兑点水，小小才高高兴兴地喝起来：这才是我的最爱。

我问小小妈妈："没给他慢慢地减少果汁的量，增加白开水的比例吗？"小小妈妈很奇怪地看着我说："有必要吗？喝果汁也能补充水份，还能补充各种营养，相当于吃水果了，而且孩子还爱喝，不是很好吗？"我说："那小小吃饭好吗？身体抵抗力怎么样？"小小妈妈惊讶地说："不太爱吃饭，抵抗力也不怎么样，难道和喝果汁有关系？"

　　小小妈妈的观点代表了一些家长的认识，宝宝不爱喝白开水，就会觉得是不是白开水没有味道，所以宝宝不爱喝？是不是水里加糖就可以吸引宝宝喝水？于是尝试各种其他种类的水给宝宝，认为喝果汁也没事，只要灌进水去就好，管它什么水呢。有的家长甚至还给宝宝喝葡萄糖水，认为葡萄糖水利尿。这其实都是错误的做法。如果经常用甜的东西来引诱宝宝的口味，甜食吃多了将来很难戒掉；此外，糖分摄取过多可能引起肥胖、不容易饿等问题进而影响正餐，也会影响其他营养素的摄取。

　　我曾看过这样一个案例，说的是一个叫乐乐的三岁宝宝，就爱喝果汁，爸爸、妈妈觉得果汁对孩子健康也是有益的，就盲目地给乐乐成箱地往家里买。乐乐呢，渴了拿起来就喝，一天也离不开果汁。结果，有一天突然食欲减退，甚至出现呕吐、头晕的症状。妈妈以为乐乐中暑了，忙带他去医院，大夫的诊断是：很可能由于乐乐长期喝果汁导致了低血钠、颅内压增高症状。国外称此病为"果汁综合症"。宝宝摄入过多果汁等含钠低的饮料，不仅可能引起低血钠和脑水肿，也是两岁以下宝宝营养不良和无热惊厥的主要原因之一。

宝宝不愿意喝水，可以尝试鲜榨果汁兑水给宝宝喝，但一定要记住：这只是一种过渡，最终的目的还是让宝宝养成喝水尤其是喝白开水的好习惯。要知道即使是鲜榨果汁，喝多了也是有害的。因为果汁中大量的糖不能被人体吸收利用，需要从肾脏排出，如果长期过量饮用，可能导致肾脏病变，也会引起消化不良和酸中毒。因而，要纠正宝宝这一不良习惯，还是要靠氛围的营造和慢慢增加果汁中白开水的比例，直至最终让宝宝爱上白开水。

同时，大人也要以身作则，做出表率。家里不要存放果汁等饮料，大人要约定好，在宝宝面前一定要喝白开水，并且要让宝宝觉得爸爸、妈妈喝得好香，白开水一定非常好喝。

如果是大一点的宝宝，大人可以通过互动游戏、讲故事的形式来纠正宝宝喝果汁的习惯。比如，家里养有花，大人浇花的时候可以让宝宝在旁边看，并且告诉他："小花喝的是水，不是果汁哦。你看小花漂亮吗？宝宝想漂亮就要多喝白开水啊。只有白开水才能让宝宝漂亮哦。"也可以用宝宝喜欢的动画人物来讲故事，比如说，小白兔喝果汁牙齿不好看医生，需要拔牙，不仅非常非常疼，而且也不能吃自己最喜爱的胡萝卜了。通过故事告诉宝宝，如果一直喝果汁，牙齿也会坏掉，吃不成自己最爱吃的食物了。

父母守则

不能以大人的味觉判定宝宝。大人要以身作则，在宝宝面前一定要喝白开水，少喝、不喝饮料。水就是水，饮料代替不了水，不能为了让宝宝喝点水，就给他添加饮料，一旦添加了，再让宝宝喝白开水就更难了。

03

睡觉篇
小小睡美人

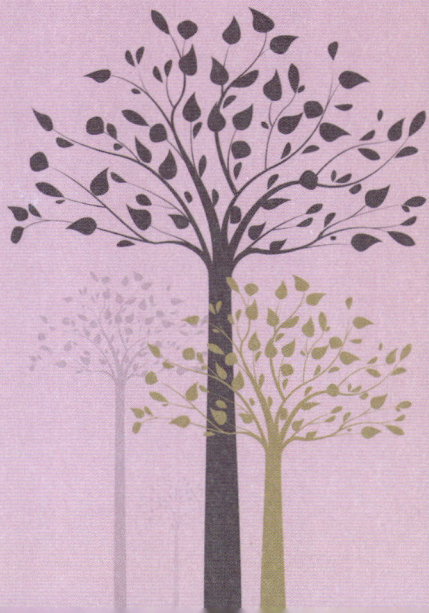

如何养成睡觉的好习惯

谈到哄宝宝睡觉，估计大部分父母都会一脸的无奈：忙了一天，到晚上，要么使出了浑身解数宝宝却依旧不睡觉，要么宝宝半夜起来哭个四五次，哭得爸妈肝都疼了，却束手无策。哄宝宝睡觉怎么这么难啊！要知道，睡眠对于婴幼儿来说，更具有促进生长发育的特殊意义。睡眠不好直接影响婴幼儿体格、智力以及心理方面的发育，影响宝宝的生长速率。因而婴幼儿时期宝宝出现的睡眠问题一直困扰家长，一些家长抱怨宝宝睡觉不踏实，不但夜间频频醒来，而且入睡也非常困难，甚至必须抱着、摇晃着、含着乳头睡，搞得大人是苦不堪言，特别羡慕睡眠好让人省心的宝宝。岂不知，很多时候，困扰家长的宝宝的睡眠问题，正是家长自己造成的。

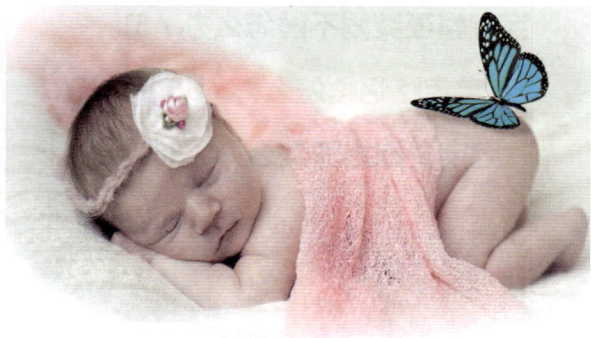

我带过一个叫宁宁的宝宝。宁宁的爸爸、妈妈应酬多，大部分时候都要晚上九、十点才回来。一开始，我觉得宁宁妈妈一天没见孩子肯定怪想孩子的，有时候我就稍晚点再把宁宁哄睡着，这样，等到妈妈回来，让她抱着孩子亲亲，宝宝高兴，妈妈也幸福。有时候，要哄宁宁睡觉时，宝宝眼睛已经睁不开了，宁宁妈妈才回来，我不让她抱孩子，她就不高兴。

因为那时候还喂奶，有时候我就跟宝宝说："宁宁，再玩一会吧，一会妈妈就回来了。"没过十点还好，一过十点，宝宝本来已经睁开的眼睛立马就瞪起来了，来精神了。宁宁妈妈还很高兴，说和她的作息时间很像："我就是十点以后两眼放光。"因为宁宁妈妈晚上要静下心来写材料，晚上不是喝茶就是喝咖啡，精神得不得了。我可不能让宝宝的睡眠受影响，所以后来我九点就把宁宁哄睡了。可是又有新问题了，我们关门睡觉，关不住宁宁妈妈。她回来后，肯定要去看宁宁。她这一进去，没几下就把宝宝弄醒了，宝宝就再也不肯睡了。其间宁宁爸爸回来了，也进来亲，而且要打开大灯。我说开个小灯吧，一开大灯，孩子更不容易睡。宁宁爸爸说孩子这么兴奋，开个小灯他也看不见我脸，我也看不见他脸，怎么玩。一开大灯，宁宁以为又和白天一样了，更不肯睡了。

这样两次之后，我对宁宁爸妈说："就九点，你们爱回来不回来，到九点就关门，你们也不要进来看孩子了。不然宁宁睡觉的好习惯不用几次就会让你们带坏了，睡眠不好影响孩子健康，我可不能由着你们。"后来，宁宁爸妈看我如此坚持，也意识到自己做法欠妥，终于和我达成共识：一切以孩子为重。

宝宝睡眠习惯不好，很多时候是父母造成的，因而要养成宝宝良好睡眠的习惯，各位爸爸、妈妈一定要知道自己该做什么、不该做什么。父母的态度必须明确，帮助孩子建立良好的睡眠习惯，这才是父母对孩子真正的爱的体现。那么如何养成宝宝良好的睡眠习惯呢？

宝宝睡眠好习惯从妈妈孕期开始

宝宝睡觉的习惯在孕期就可以开始培养。我进家服务的时候经常会听到宝宝妈妈很无奈地说："孩子这么晚不睡随了我了。都怪我，我怀孕时晚上十二点以后才入睡，早上赖床到九、十点才起，所以孩子一生下来就是这样，到现在还没纠正过来。"这其实是个很普遍的现象，身边几乎一大半的父母抱怨宝宝是个夜猫子，常常半夜精神十足，要人陪着玩。详细追问妈妈孕期的生活情况后发现，很多孕妈妈怀孕后依然保持过夜生活的习惯，上网、看书、打牌、朋友聚会，或者由于工作原因加班熬夜。要知道母子连心，孕妈妈怀孕期间的不良习惯很容易潜移默化地影响宝宝习惯的养成。妈妈在孕期有规律地生活，宝宝出生后才会有规律地作息，宝宝也会很好带。如果做不到，只怕孩子出生后妈妈们就需要更多的精力和耐心来调整宝宝的睡眠习惯了。因而要养成宝宝良好的睡眠习惯，孕妈妈从孕期就要保持健康的作息习惯。

健康的作息时间

孕妈妈最好每天晚上九点上床，最晚十点上床。然后告诉宝宝：妈妈要陪宝宝一起睡觉了。只要妈妈形成良好习惯，宝宝的睡眠自然也会有规律，如果打破这个习惯宝宝还不愿意呢。我就有好几个客户，妈妈怀孕时自己玩high了，到了晚上九点还不

上床睡觉，胎儿胎动非常厉害，就给我打电话。我说你抓紧时间躺到床上，抚摸一下胎儿，告诉他：妈妈玩激动了，妈妈错了，咱们这就上床睡觉吧。跟胎儿交流一下，一会儿他就安静下来了。

保持平稳的睡前情绪

孕妈妈最好睡前洗一个热水澡，看一些能够让心情平静的书。一定要避免看剧情太跌宕起伏的影片，更要避免看那些会让心情久久不能平静的恐怖片。我曾经认识一个重口味的孕妈妈，经常看恐怖片、枪战片，结果孩子出生后，几乎总是浅睡眠，而且总是醒，醒来就哭闹，爸妈辛苦不说，孩子也因为没有充足的睡眠，身体素质都比同龄的孩子差很多。

听一些舒缓的音乐

宝宝的胎教音乐很多都比较舒缓，孕妈妈睡前听一些这样的胎教音乐，不仅能让心情平静，更是对宝宝进行音乐胎教的好方法。要知道，胎儿四个月的时候就能在妈妈肚子里听到各种声音，也有了感光反应，这个时候孕妈妈每天睡前听一些舒缓的音乐能够促进宝宝的智力发育。同时，宝宝在出生后，如果听见这些熟悉的音乐也能迅速安静下来，很快进入梦乡。

与准宝爸一起亲子互动

准爸爸在胎教中的作用更是不可忽视的，因为胎儿对男生低频率的声音更为敏感，对胎儿的安抚作用更有效。因而每天晚上孕妈妈睡觉前，可以和准爸爸一起跟胎儿说说话，比如"爸爸、妈妈好爱宝宝，希望宝宝出

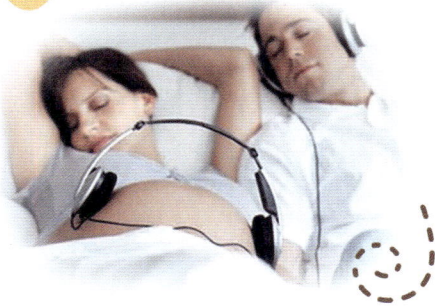

生后早睡早起，做个快乐的小宝宝"这类的话，然后再由准爸爸告诉宝宝：我们现在给宝宝讲个故事，宝宝听着故事睡觉好吗？这样坚持下来的结果是，宝宝出生后，如果睡觉前哭闹，爸爸轻声地安慰宝宝，给宝宝讲故事，宝宝很快就能平复下来，慢慢进入梦乡。

为宝宝营造适宜的睡觉环境

培养宝宝良好的睡眠习惯，并不是紧紧地管住孩子，要求宝宝一定要几点睡觉、几点起床，而是要在宽松的环境中培养孩子的习惯，营造睡眠的氛围，给宝宝送出积极的暗示，让宝宝自觉自愿地养成良好的习惯。

0~6个月的小宝宝

宝宝早期很多良好的行为、习惯都是通过建立条件反射这一学习方式形成的。良好的睡眠习惯的养成，同样要运用这一方式。

当婴儿0~6个月时，很多时间都在睡觉，每天几乎要睡13~16小时，家长可以配合孩子的特点和生活习惯，帮助他逐渐建立良好的睡眠习惯。每当孩子到了要睡觉的时候，让孩子躺在床上进行哄睡，家长可以进行一些固定活动，如每次临睡前给孩子洗浴、换睡衣、换上干爽的纸尿裤，让孩子听同一首安眠曲，或者家长亲吻他、轻拍他，直至孩子入睡。坚持每天采用这样固定的方式哄睡，经过一段时间，宝宝就能够养成自行入睡的习惯，即建立了良好的睡眠条件反射。

需要家长注意的是，越小的孩子建立这种条件反射需要的时间越长，家长越要有耐心。如果家长一旦采取了抱着、摇着、吃着哄睡的模式，时间长了建立的条件反射就是必须抱着、摇着或吃着奶睡，以后想要纠正就困难了。

6～12个月的小宝宝

这个年龄段的宝宝每天要睡13～15个小时，宝宝白天可能只需要睡两觉，而且基本上晚上能睡大觉了。随着月份的增大，慢慢地就可以睡整夜觉了。

虽然妈妈在宝宝0～6个月的时候已经建立了一些睡前程序，营造了一定的睡前氛围，但直到此时，你的宝宝才真正参与其中。一般来说提前一小时大人就要启动宝宝睡觉程序，包括上边我们说过的，给宝宝洗个澡，换睡衣，换上干爽的纸尿裤，跟他玩一个安静的游戏。到了睡觉时间，妈妈可以主动用语言提醒孩子："宝宝，要睡觉了哦，睡觉才能长身体啊。"或者亲吻、轻拍他，暗示他：宝宝，这时候需要睡觉了。同时大人要带好头，自觉关掉电视，熄灯，降低说话的音量，也不让宝宝在睡前玩耍得过于激烈，这样才有助于更好地入睡。还可以在睡前放些优雅的轻缓的音乐或催眠曲，这也有助于宝宝身体慢慢恢复平静，为进入睡眠状态做准备。

我带过一个8个月大的宝宝。我去的第一天，和我相处得很融洽，但中午睡觉时非不找我，只要奶奶抱睡。奶奶一边走一边拍，还要边摇晃边不停地唱歌，大概半小时后，宝宝才睡着。孩子睡着后，奶奶说："宝宝睡觉是个大问题，以前的阿姨为了宝宝睡觉，都去爬楼梯……现在不错了，抱抱拍拍就睡了。"奶奶70多岁了，尽管我很不忍心，但是毕竟是第一天上班，就没有干预，但我想我要让宝宝尽快习惯自己睡觉。

经过一天观察了解，我发现宝宝比较听妈妈的话。第二天，我对宝宝妈妈说："从今天开始，我哄她睡吧，你一会儿告诉宝宝：睡觉找阿姨，平时和阿姨玩。"宝宝妈妈上班前，当着大家的面对宝宝说了这些话，宝宝似懂非懂地点了点头。

中午宝宝困了，我抱着他时，他开始有些抵触，我看着他的眼睛说："宝宝，你还记得妈妈上班前说的话吗？奶奶年纪大了，抱你久了会腰疼的。你睡觉要找阿姨哦。"在我重复几次后，他就不再抵触了。我把宝宝抱回卧室，一边走一边告诉他："我们现在回屋睡觉好不好？宝宝是大孩子了，长大了，能够自己睡了。等妈妈下班回来发现宝宝好棒啊，都能自己睡觉了。妈妈多高兴啊，是不是？"我把他放到床上，也不抱他，他看着我委屈地撇着嘴，我说："今天宝宝第一次自己睡，阿姨就陪宝宝一会儿，给宝宝讲个故事好不好？"我拿出小白兔玩具，开始躺下来给他讲故事："小白兔，睡着了，做了一个梦，妈妈回来了，然后醒来的时候发现妈妈真的回来了，妈妈表扬了小白兔是个乖宝宝……"

在和宝宝相处的第九天，到了睡觉的时间，宝宝自己就躺在小床上睡着了。好的睡眠习惯养成了。

这个年龄段的宝宝可以尝试自己入睡了。在建立了良好的睡觉环境的基础上，在宝宝有困意的时候，把他放在床上，把灯调暗之后，他会自己非常安静地玩着入睡。无论多难带的孩子，只要睡觉环境营造得好，每天8点半就把灯调暗，该进入卧室就进入卧室，该进入状态就进入状态，告诉他："我们要睡觉了。"然后陪他入睡。如果宝宝开始不习惯、不配合，甚至哭闹，可以稍微陪他放松一会，可以给他一个玩具，可以放点轻音乐，安抚一下。第二天缩短安抚的时间，一般一周时间，宝宝就能自己入睡了，这对很多家长来说都是一个很大的解脱。

1岁之后的宝宝

这个年龄段的宝宝刚刚学会走路，生活对他来说是太有趣了，睡觉那是他最不愿意做的一件事情，而且到了两岁左右的时候，宝宝又会尝试挑战规定，来探测大人的底线，关于上床睡觉的争执在这个阶段是很常见的。家长一定要注意：这么大的宝宝是听得懂大人的话的，也会看大人的脸色了，所以在睡觉问题上，大人不要妥协，一定要让孩子保持好从小养成的良好睡眠习惯。

下面是几个小技巧，可以让宝宝良好的睡眠习惯平稳过渡。

① 晚饭后就让宝宝的节奏慢下来。晚饭后，读读书，听听舒缓的音乐，做一些安静的游戏，这样比较容易就过渡到宝宝睡觉时间。

② 上床睡觉前的活动要尽量简短。洗澡、刷牙这些活动不要超过半

小时。如果时间再长一点的话，宝宝又容易兴奋了，那再要入睡就比较难了。

③ 进入卧室后，要拉上窗帘，制造出利于睡觉的环境。有时候宝宝或许会拒绝上床睡觉，这时候大人的态度一定要坚决：睡觉时间就是要睡觉。大人可以先说："我要睡觉了，宝贝，睡觉吧，你要不愿睡觉，就自己再玩一会吧。"大人躺在床上，把所有的灯都关掉，给宝宝留下空间，让他自己在那儿玩。等大人躺倒不到5分钟，孩子就会自己上床了，因为外边黑咕隆咚的，没有玩的氛围，所以他就会主动地去睡觉了，即使不睡，他也会静静地躺在床上。营造了利于睡眠的氛围，就不愁宝宝不去睡觉了。

宝宝整夜哭闹不睡怎么办

我是夜哭郎！

有一个客户，生完宝宝简直要崩溃了，一出月子，月嫂走后，宝宝的睡眠问题搞得她焦头烂额。宝宝晚上不睡觉，一到夜里9点多就哭，一哭就是一两个小时，小身子乱扭，腿不停乱蹬，怎么哄也不行。抱着拍拍吧，结果越哭越厉害；喂他吃吃奶，吃一会又开始哭；摇晃摇晃着睡，也不管用；怎么也哄不好，甚至迷信地到处去贴"天皇皇，地皇皇，我家有个夜哭郎"，一哭就摸着他的耳朵叫他的名字，什么方法都用上了，都没有效果，到最后也许是哭累了，就睡着了。

这种情况很多新手妈妈都会遇到，小宝宝哭得妈妈束手无策、肝肠寸断。其实小宝宝没有无缘无故的哭，肯定有原因。我去了之后，先观察了一下，一不发烧二不拉肚子，没有大的毛病。我看他每天哭的时间点，估计是肠共鸣。因为肠共鸣通常发生在黄昏之后，一般都是晚上5点到10点半甚至到11点，这期间孩子哭闹特别厉害。

过了一段时间，我发现宝宝妈妈在喂孩子时特别不注意。有一次她出去玩，玩了一下午，回来一身汗。一回来就要给孩子喂奶。

我说:"你挤挤奶再喂,不能喂热奶。"她说:"我胀得不行了,没关系,直接喂吧。以前都这样,没事。"结果孩子哭闹着就是不吃妈妈的奶。

正好到下班点了我该走了,宝宝妈妈说:"下班了,你走吧。"把我撵走了。我一看孩子哭得很厉害,也不忍心,怕孩子闹肚子,就在门口站着。我站了一个半小时,听孩子哭了一个半小时,我真忍不住了,就敲门回去了。宝宝妈妈说:"亓姐,你回来了,太好了,他老是哭啊。"我说:"我就没走,一直在你门外站着。"我进门一看,那孩子哭得眼珠子都快瞪出来了,就赶紧抱起他,缓了缓,然后不停地搓搓手心,给他按摩。妈妈还要再喂孩子,我说:"你可别喂了,抓紧时间把奶挤了,挤空了,你这个奶肯定都变色了。"她挤出来之后一看,果真发黄了。过了半个小时孩子才不哭了,我说给他喂点水吧,缓一缓再给孩子吃奶。

宝宝妈妈这才认识到自己做法的不妥。

👍 月嫂支招

遇到睡前哭闹不停的宝宝,一定要仔细观察,没有天生爱哭的孩子。如果孩子哭闹,应考虑以下几点:

是不是生理性哭闹

查看一下是不是孩子的尿布湿了,或者包得太紧了,宝宝是否饿了、渴了,或者盖得、穿得太多,是不是宝宝情绪太紧张了。如果宝宝因情绪太紧张而哭闹,大人一定不要烦躁或过于紧张,因为你的情绪会传递给孩子。比较合适的做法是大人放松心情,通过唱儿歌来缓解孩子的紧张情绪,分散孩子的注意力,孩子不紧张了,心情慢慢地放松了,就会自然而然地入睡了。

是不是想让人抱

一般这样的孩子大人抱起来和他玩，他就不再哭了。

是否白天运动不足

有的孩子白天运动不足，晚上也是不肯入睡，哭闹不止。对这样的孩子可以适当增加白天的运动量。

我曾经照顾过一个两个多月的宝宝，宝宝妈妈本来是只请了白班的月嫂，后来宝宝晚上不停哭闹，妈妈受不了，临时抓我救急。我去看了看，感觉没什么大的问题。询问了一下，发现白天宝宝除了吃就是睡，因为月嫂一给宝宝做抚触和被动操宝宝就哭，所以妈妈就把洗完澡的抚触和被动操都省了。我想可能是白天运动不足，就给妈妈说："我让宝宝爬一爬，你们可别心疼啊。"然后就让宝宝在床上爬了爬，当然这样的运动要适量，我看宝宝在床上爬了3圈，就有点累了，就赶紧给他洗个澡，做了个抚触，然后轻轻拍了5分钟，宝宝就舒服地睡着了。

宝宝是否生病

如果宝宝哭闹而没有明显的疾病症状，就要考虑肠绞痛的原因了。

如果是肠绞痛，一定要注意千万别给宝宝吃东西，也别给他喝水。因为肠绞痛就是因为他不断地哭，咽进去空气造成的。这时一定要让宝宝平静下来再给他吃喝，如果咽进去空气的时候还给宝宝吃东西，很容易压住气，肠胃一蠕动他就疼。越吃喝越哭，恶性循环。遇到这样的情况，可以搓搓手心，放到他肚脐上，轻轻地给他按摩一下，施一点压力，缓解一下；或者竖着抱紧定宝，尽可能地让他安静下来，放两个屁就好了；最快的办法就是让宝宝侧着趴在床上，他哭的时候用力，在床上一蹭一蹭地动，就自己给自己按摩了，放两个屁就好了，但一般家长都不忍心这样做。

　　纠正宝宝睡觉哭闹的习惯，需要家长用心观察，查找孩子哭闹的原因，对症解决问题。不管是孩子的看护还是习惯的养成，父母都要细心、用心，不能因为自己的粗心或者不用心，造成宝宝不舒服，甚至养成一些不良习惯。

宝宝吃吃睡怎么办
我要吃咪咪睡！

奇奇是个幸福的"小伙子"，一出生妈妈的奶水就很足，每天都吃得饱饱的。妈妈也觉得很轻松，不必每晚起来冲奶粉，奇奇一饿，随时都能吃到新鲜的母乳。有时到了睡觉的点，奇奇就直接含着奶头睡。本来妈妈也没觉得什么不对，可是等奇奇慢慢长大了，妈妈发现奇奇只要睡觉就要含乳头，妈妈很苦恼。奇奇妈妈是我的朋友，当她告诉我这种情况时，我曾提醒她应该给奇奇断夜奶了，但是妈妈一是觉得舍不得，二是觉得大冬天起来冲奶粉不方便，就这样一拖再拖，奇奇慢慢大了，也有心眼了。一岁的时候，妈妈让奇奇睡觉，他就指指床，然后躺床上，拍拍旁边的枕头让妈妈躺下，不然就一直不睡。如果困得厉害了还不给吃奶，他就开始哭闹了。

吃着睡，吃不了一会他就睡了。上半夜还好，中间醒了，拍拍他，他就睡了；但是下半夜就不行了，要吃上两三回，但是每次就吃三五分钟，特别是凌晨五六点钟的时候，几乎隔半个小时就要

吃，大人累点儿倒是无所谓，就怕宝宝睡不好。这时候，奇奇妈妈又想起我了，让我帮着改改宝宝的习惯。

月嫂支招

宝宝的不良习惯很容易养成，但是改起来确实很困难。宝宝吃咪咪睡或者摸着咪咪睡，这其实都是对母亲依恋的表现。我个人觉得孩子不用太早断奶，只要不影响孩子吃饭、睡觉，可以延长母乳喂养时间，奶水好的喂到两岁都是可以的。这样的孩子身体素质较好，而且情商高。

像上面奇奇妈妈的这种情况，只要断夜奶就可以。因为晚上吃奶次数过多，确实影响睡眠质量，妈妈们最好在宝宝五、六个月开始添加辅食时，就断掉孩子的夜奶。那么已经养成这样的习惯了该如何改掉呢？

首先，还是要营造睡觉的氛围，让宝宝自然入睡。营造氛围前面已经讲过，这里不再啰嗦，值得注意的一点是，一开始，哄宝宝入睡的人最好换成奶奶或者姥姥，先陪着宝宝玩玩游戏，然后讲讲故事，轻拍宝宝入睡，可能宝宝一开始有些不适应，大一点的孩子也可能哭闹一会争取吃奶睡的机会，这时候大人一定要坚持，一次哭没用，两次哭没用，一般到第三次孩子就知道他只能乖乖地自己睡觉了。

其次，晚上睡觉不停吃奶的习惯要慢慢改，逐渐减少时间和次数。在睡前吃饱的前提下，在宝宝想要吃的时候，可先满足他，但是要缩短时间，本来吮30分钟，慢慢地减至25分钟、20分钟。因为宝宝这时候不是吃，只是需要那种安全感。慢慢地，宝宝吮两口，赶紧拔出来，再拍拍他，他就趴过去，又接着睡着了；或者他也可能哭闹，哭的时候要等一两分钟再安慰他，到第二天等三四分钟再去安慰他，依此类推，慢慢地，就单纯拍拍他，他就能自己睡过去。这个过程可能比较漫长，妈妈要有耐心和恒心。

宝宝半夜睡不好，老动，还频繁地吮奶，还有一种情况就是宝宝可能缺水。建议给他喝水时，不要等他完全睁开眼之后给他，那时候他就完全清醒了，最好让他迷迷糊糊地喝完，歪头又睡着了。一般来说20～30毫升就搞定了。尤其是夏天，宝宝不一定是缺奶，而是因为天气太热，白开水跟不上，或者屋里空气太干燥，孩子缺水，这也是不停找奶吮的原因，因而妈妈也可以尝试给宝宝喝少量水。

第三，建议妈妈和宝宝分床睡。隔得远一点他就没那么敏感，因为他习惯了妈妈身体的气味，他一闻到就想去吃。宝宝睡觉分深睡眠和浅睡眠，浅睡眠的时候，已经似睡非睡了，这时候妈妈在他身边，他闻到味道，就像我们有时候睡着的时候，闻着饭做熟了，眼还没睁开，鼻子先闻着了饭的香味，本能地就想吃。所以宝宝连眼都不睁，就想去吮。因而，建议宝宝睡着后，妈妈将其放在小床上，或者宝宝在床这头，妈妈在另一头，拉远距离。

第四，早上宝宝睡不安稳，一会儿一吃，那就干脆让他起床。宝宝醒来和太阳初升的时间差不多，而且这时候即便睡也睡不沉，妈妈只要一动，他就很容易醒。其实这时候宝宝脑子是最清醒的，记忆力最好，我们完全可以利用起这段时间。我照看过一个叫宁宁的宝宝，早上五、六点钟就醒了，醒了后我就找来很多动物的卡片，还有唐诗50首，拿着卡片，抱着他，坐床上念。一个月以后，我休班了，他妈带他，醒了他就去指，那时候宁宁11个月大，妈妈读什么宁宁就指什么，都认识。

🌸 **父母守则**

父母要想改正宝宝不良睡眠习惯并且一劳永逸，就要坚持原则，贯彻始终，切不可因为宝宝哭闹或者觉得宝宝上火，就心软反复，否则宝宝就会发现有空子可钻，再要改正不良习惯就更加困难了。

宝宝要抱抱睡怎么办

我要抱抱睡！

我服务过一个客户，宝宝两个月大时天天晚上闹，抱着在家里来回走着拍拍睡，就睡得好一些。抱在怀里睡得好好的，但只要一放到床上立马就哭，一抱起来就不哭了。宝宝妈妈经常问我是不是床上有针啊？不过宝宝小，亲还亲不过来呢，妈妈觉得抱着睡就抱着睡吧，不摇晃就行。结果这一抱就放不下了，每次睡觉一定要拍着他才睡。

后来宝宝一岁了，沉了，妈妈抱得很辛苦，每次把宝宝抱睡了，40多分钟过去了，累得不行，想着坐一会休息一下吧。可是屁股刚一着凳子，宝宝立马就睁开眼睛大哭。没办法，把我找去专门上夜班，职责很明确：哄宝宝睡觉，当然能纠正宝宝抱抱睡的习惯更好。

宝宝抱睡的习惯完全是大人造成的，宝宝一出生，父母和爷爷奶奶总是"爱不释手"，只要宝宝一哭，就心疼地抱在怀里哄，尤其在晚上，常常抱到孩子睡熟后才把他放在床上。时间长了，宝宝就有了过分依赖的心理，最后形成了只有抱着才肯睡觉的坏习惯。

放下孩子有技巧

上边案例中，宝宝放不下，其实很多时候是没掌握好时机和技巧。

一是要讲究时间点。一般宝宝睡着后，20～30分钟进入深度睡眠。所以一开始抱宝宝睡的时候，看他睡沉了，就抓紧时间放下。40分钟的时候宝宝都进入浅睡眠了，有的觉短的宝宝都能睡一觉了。

二是动作要利落。宝宝睡熟后，大幅度动作对他的影响不是很大，利落地将其放床上就行，越小心翼翼拖延的时间越长，越有可能弄醒宝宝。有的时候放下宝宝时，他的手可能会动，这时赶紧摁住他的手，拍拍他的屁股，他很快就会又进入睡眠状态了。

抱睡不改换个人

2007年我带过一个宝宝。宝宝妈妈特别亲孩子，总觉得没抱够。晚上下班回来，孩子本来睡着了，她非得弄起来抱抱，经常会把孩子弄醒，然后就抱着孩子晃着睡。我说你别这样抱他睡，她不听，还觉得晃着孩子好玩。有一次我歇班，她把孩子弄醒了，孩子哭得厉害，怎么晃就是不睡，而且孩子大了，她晃一会就晃不动了。她说："亓姐，你能不能回来一趟，我都跑了好几圈了，孩子就是不睡，我没办法了。"我说："你让宝宝爸爸哄哄试试，给他讲故事、唱歌、说说话都行，就是不要抱抱睡了哈。"结果，宝宝爸接过来，哄一会儿，枕着他胳膊就睡着了。

如果宝宝非要妈妈抱抱睡，那我们可以尝试让爸爸哄哄睡。宝宝虽然小，但是分辨能力很强，换个人，不拍他睡觉，换成讲故事、唱歌等别的方式，孩子跟他睡两晚可能就明白"这个人不会抱我睡"，这样孩子也能很快适应，只要这个人哄，他就会乖乖地睡觉。

硬起心肠告别抱睡

宝宝不良睡眠习惯的纠正就是家长和宝宝的博弈，在这过程中家长一定要坚持，不要中途动摇。可能前期有一个艰苦的过程，可能是3天、5天，就看谁能坚持。在宝宝习惯的改正过程中，肯定避免不了哭闹，这时候一定要硬起心肠，坚持原则。睡前要做好准备工作，给宝宝创造一个良好的睡眠环境，然后就轻柔地唱儿歌和讲故事，宝宝哭，也要不停地讲你的故事，唱你的儿歌，通过和宝宝互动，慢慢地让他融入到故事里。比如，让他说说故事的题目，说说故事里都有谁，把他拉到故事里去，再让他猜猜接下来故事的主人公会怎么样了，也可以讲着讲着落下一段，或者不讲结尾，看看他的反应，让他静下心来，他一用心，光想着故事了，慢慢

地，心情就放松下来了，听着听着就能睡着了。

　　这方面我有一个成功的案例，是一个叫菲菲的宝宝。因为孩子快两岁了，也可以讲道理了，她爸妈就告诉她：你是大孩子了，从今天起就不能抱抱睡了，咱们讲故事睡。孩子肯定哭闹啊，而且菲菲本来就脾气大，哭闹得非常厉害。菲菲爸妈为了纠正宝宝不良的睡眠习惯，真是狠下了心，说不抱孩子睡就不抱孩子睡，菲菲第一天断断续续哭了3个小时，第二天哭了1小时，第三天就好了。当然这里的关键是要硬得起心肠来。

父母守则

　　硬起心肠，贵在坚持。不良睡眠习惯的纠正不同于别的习惯，哭闹的情况比较多，这其实就是大人和宝宝的博弈，关键是毅力的问题。博弈中就看谁先放弃，一旦宝宝先放弃，好的睡眠习惯很快就能养成。

宝宝半夜还不睡怎么办

我属夜猫子的！

　　宝宝晚上不睡觉，专门"上夜班"，也是父母非常头痛的一个习惯。我接触过的很多爸妈都反映宝宝一岁多、两岁多开始就经常晚上十一二点才睡觉，整天被孩子折腾得身心疲惫。可是我觉得，孩子的这个习惯肯定是大人给养成的。当爸妈的没有反省自身的问题，却一味感叹"我们家孩子太难带了"，难免有推卸责任之嫌。

　　小钢炮是我曾经带过的一个宝宝。在他两岁多的时候，他妈妈有一次晚上十一点给我打电话，带着哭腔："亓姐，我快崩溃了，这段时间晚上一两点的时候，我们睡得正香，孩子就站在床上开始哭闹。"我问为什么呀，她说不知道。我就问她：你们夫妻俩几点下班，白天谁带，是什么情况。她说白天姥姥带，他们一天没见孩子，晚上夫妻俩都七八点钟才回来，吃完饭，洗刷完了再跟孩子玩一会。玩到什么程度呢？小钢炮爸爸躺在沙发上，孩子站在爸爸肚子上跳，跳蹦蹦床玩得很兴奋，到了九点半十点了，让他睡他就不睡，哼哼唧唧的，好歹是睡着了，但是夜里一两点又起来了，开始哭闹，得开灯陪他再玩一个多小时才又睡。

　　我一分析，觉得是孩子

临睡前跟爸爸玩得太疯了，太兴奋。九、十点钟还不想睡，但是爸妈又非得逼着宝宝睡。宝宝虽然睡着了，但他玩的那个兴奋劲还没消退，可能还是属于浅睡状态，还想和爸爸、妈妈一块玩，可是夜里一两点的时候，屋里黑着灯，没人陪他玩，所以就大闹。我对钢炮的父母说："你们两个回来跟钢炮玩可以，但要换个方式，换个游戏，不要蹦，不要跳，陪他安安静静地玩。"后来，钢炮爸妈回来后就陪他画漫画，或者三人都躺在床上，你讲一句我讲一句，讲故事，用这种方式做亲子互动，不再进行活动量大的运动。果然，没几天钢炮半夜就不再起来哭闹了。

👍 月嫂支招

宝宝晚上不睡觉，很多时候是大人刹不住车，把孩子玩兴奋了。如果你的宝宝睡觉晚，一定要注意啦。

了解宝宝睡眠周期，合理安排作息时间

不管是小宝宝还是我们成人，睡眠都是有周期性的，好多家长可能不大清楚这个周期，没有抓准宝宝睡觉的时间点，所以没养成宝宝睡觉的好习惯。

宝宝的睡觉周期一般在半个小时到1个小时，当然每个宝宝的情况也不一样，有的宝宝半个小时一个周期，有的宝宝是45分钟一个周期，一般宝宝没有超过45分钟一个周期的，都是半个小时到45分钟之间为一个周期。我们都知道宝宝一出生的时候大脑神经发育不完善，抑制能力很差，

容易兴奋。小宝宝在想睡觉的时候，不能超过3个周期，也就是不能超过2个小时。到2小时的时候，小宝宝的困劲就已经达到顶点了；一旦超过这个周期以后，他就又开始兴奋。我们都知道宝宝会闹觉，闹觉就是因为他的睡眠周期已经到了，他的大脑神经抑制能力很差，他困，又没法睡，又静不下来，所以难受，难受又刺激大脑神经兴奋，越困越兴奋，越兴奋越闹，恶性循环，所以他就会不断地哭，不断地闹。

对于大一些的宝宝可以根据我们前面睡眠习惯养成中按年龄段的介绍，大致固定宝宝的睡眠时段，不让他在该睡觉的时间太过于兴奋，这样就不会存在宝宝"上夜班"的情况。 一般来说，最晚八点宝宝就要进入睡眠准备阶段了。

我们了解了宝宝的睡眠周期以后，就不要让他玩得超过3个睡眠周期，在2~3个周期之间，到点就让他睡觉去，从小养成习惯，到了那个时间点，有了环境的暗示，不管多大的孩子，5~10分钟之内就能入睡。

逐步提早进入睡觉准备阶段的时间

宝宝晚上十一二点睡觉，想给他一下子提到八九点进入睡眠状态，非常困难。像这种晚睡的宝宝，要慢慢地给他创造环境，慢慢地改善。比如说他每次都十一二点睡，就一天5分钟、10分钟、半个小时地往前过渡，而且晚上要玩静一点的游戏，不然他的兴奋点一逗就起来了，再让他静下来很困难。可以和他一起玩拼插玩具，让他坐在那，也不用管他，不用跟他交流，你玩你的，他玩他的。你会发现他喜欢模仿，看你怎么玩，然后跟着你一块儿拼插。玩这种拼插玩具，是晚上让孩子静下来的一种很好的方式，尤其是男孩。女孩呢，可以让她玩积木，两岁以后的小女孩，可以

让她给布娃娃穿衣服、梳头发、系扣、系带；也可以给她一块布、一块小手绢，教她叠各种花样。宝宝静下来，他的脑皮层、脑神经放松了，就很容易进入睡眠状态了。

如果宝宝白天睡多了，晚上要让他晚睡一会吗？恰恰相反，晚上要及早地培养他睡眠的状态，让他及早地静下来。比如原来都是晚上八点或八点半才开始让他睡觉，今天就得从七点半开始培养他的睡眠状态，和他静静地玩，玩上一两个小时，多给宝宝一些睡前准备时间，结果宝宝还是会按照原来的作息时间睡觉。

不要让宝宝太累

传统观点认为，孩子累了才能睡得香、睡得好，其实有时候过于累了，宝宝照样睡不成。

我看过一个宝宝，一岁两个月，正是能跑的时候。他家里有个习惯，就是白天让宝宝在外面猛跑，即便夏天很热的时候，也让带孩子上公园玩去；中午也先不哄他睡觉，要跑累了才让他睡；晚上孩子不睡觉的话，宝宝爸妈第二天就会告诉我，说宝宝昨天晚上没睡觉，就是没让他跑够，今天还得让他跑。

宝宝多运动是很好的，但一定要注意适度，不要让宝宝太累了，过犹不及。宝宝白天玩得兴奋了，晚上就给他洗个热水澡，让他全身肌肉放松一下，再给他按摩按摩。这边抚触还没做完，宝宝就已经有睡意了；抚触做完，再让宝宝喝点奶粉（因为太晚了，晚上七点半、八点以后，就不再建议给孩子喝水了），然后给他一口清水漱漱口，他很快就进入梦乡了。如果孩子太累了，一定要给他全身放松，比如说腿部肌肉，他在玩的时候，可以捏捏他的大腿。宝宝玩的时候，一定要注意节制，不要让他运动时间过长，玩得过度了，还影响孩子长个子呢。

父母守则

在纠正宝宝睡觉晚这个习惯时，父母要坚持原则，配合宝宝的睡眠周期，合理安排宝宝作息时间并严格遵守，不要轻易打乱宝宝作息时间。

04

如厕篇
我要拉粑粑啦

如何养成如厕的好习惯

人们常用"一把屎一把尿地把孩子拉扯大"来强调父母养育孩子的辛苦。这句话真的是形容得太贴切了。我的很多客户都反映，轮到自己做妈妈了，才知道妈妈把我们养大是多么辛苦。要养好一个孩子，真可用"含辛茹苦"来形容。尤其是三岁以前的宝宝，把屎把尿是非常纠结的一件事情：把还是不把？现在很多专家都不建议把屎把尿或者建议18个月以后再把，因为太早把屎把尿不利于婴儿髋关节的发育，容易造成婴儿脱肛、肛裂等。很多父母也追随国外的养育方式，觉得宝宝两岁后再把尿比较好。也有观点认为，把尿是一种自然的方式，我们从小就是被把起来的，经过一段时间的把尿练习，你会发现，把尿方便、有效、环保；如果不把，特别容易起尿布疹，尤其是婴儿，而且妈妈要全天24小时处于高度紧张状态，以保证宝宝干爽的屁股，但是尽管这样效果也是不尽如人意。两种说法似乎都很有道理，怎么抉择？我想说的是，作为父母，你有权利选择对你的宝宝最好的方式。

我觉得，把屎把尿也是一门学问，宝宝良好的大小便习惯还是要从小也就是从婴儿时就开始培养。宝宝如果大小便习惯培养得太晚，穿纸尿裤的时间越长，在训练大小便的过程中出现抵触情绪的机率就越大，

父母可能也会更焦虑、更急躁，反而不利于宝宝良好大小便习惯的形成。现在西方一些国家也出现了"婴儿大小便训练法"，其实就是中国传统的把屎把尿。

那如何正确地把屎把尿，让宝宝养成良好的大小便习惯呢？

我觉得良好的大小便习惯应该从婴儿抓起，但不是说从婴儿开始就把屎把尿，而是从宝宝出生就要培养他的大小便的意识，随着宝宝长大，我们再慢慢培养宝宝定地点大小便的良好习惯。

0~18个月的宝宝

做了这么多年月嫂，看护了很多宝宝，我一直坚持一个观点：我们做每一件事都要去跟孩子交流。你想宝宝怎么做，就要"告诉"宝宝。这个"告诉"，可以是表情，可以是动作，也可以是语言。一次不行，两次；两次不行，三次……要相信宝宝迟早能听得懂你的话。

宝宝一出生，我就有意识地培养宝宝各种好习惯，包括良好的大小便习惯。所以，每当宝宝有尿尿拉粑粑的暗示，比如睡觉期间扭来扭去、眉毛发红、一脸严肃等等，这时候就要仔细观察等待，通过语言去引导他："该尿尿了。"等宝宝尿完，就对宝宝说："宝宝你看，你尿尿了，尿在尿布上了，尿布都湿了，是不是不舒服？""你这是拉粑粑了，是不是黏黏的，不舒服？""阿姨给你换上新尿布好不好？""新尿布的感觉是不是更舒服啊？""所以你尿尿、拉粑粑要及时告诉阿姨，阿姨及时给你换掉，这样你就会很舒服，

好不好？"每天给宝宝强化这种意识，告诉他这就是尿尿，尿尿要及时告诉大人。孩子越是舒服了，他就越不愿意被湿尿布泡着。

宝宝的神经是很敏感的，我们要用语言去引导他，激活他的脑皮层。比如给宝宝换下来的第一块尿布凉凉的，就告诉宝宝："哎呀，你看，阿姨给你换晚了，让你受凉了，下次你一定及早地提醒我，我早点给你换上，你就舒服了。你看，换上新的尿布，暖暖的，软软的，多舒服呀！"通过语言去提醒宝宝，让他做出一个对比。这样孩子到25天以后，他要大小便，都能提前告诉大人，打开的时候，尿布没有湿，当想要合上的时候，他开始尿尿了，这就说明宝宝尿尿拉粑粑这件事可以从无意识转变成有意识。大人越早地去和他沟通，他的这种意识就越强烈：哦，我在做这件事的时候，这个感觉，是要尿尿了；哦，这个感觉，是要拉粑粑了。下次我再有这个感觉的时候，要及早地发出信号。等到宝宝想尿尿或者拉粑粑了，他的大脑就会做出反应：我要尿尿了，然后发出"啊，啊……"的声音或者哭两声，告诉大人我有这种需求了。大人就会及早地给他换尿布，这样就不会弄湿孩子的屁股，孩子就不容易红臀。这里不是强调要及时给孩子把尿，而是为了激活他大小便的意识，这一点一定要分清楚。

当然这个意识的培养需要父母非常细心，要仔细观察宝宝给出的反应。他一开始对大小便的表示可能稍微强烈一些，如果被大人忽视了。慢慢地宝宝大小便的时候就不作反应了，以后再培养大小便习惯可能就困难一些。

如果宝宝在尿尿方面比较有规律，等到宝宝能很好地竖起头来时，就可以开始把屎把尿了。

把屎把尿的姿势

把屎把尿的姿势很重要，姿势不正确有可能对宝宝造成伤害。

1~2个月的小宝宝：抱起宝宝，让宝宝的头躺在胳膊肘窝里，前臂托住宝宝的身体，宝宝顺势依附在妈妈的怀里；妈妈的手掌五指分开，托住宝宝的屁股，另一只手轻轻握住宝宝的双脚并提起分开。这种姿势可避免因用力过猛造成宝宝髋关节脱臼。

3个月以后的宝宝：大人双腿分开端坐，双手兜住宝宝屁股，分开双腿抱坐到大人的腿上。宝宝的头背自然倚靠到大人的腹部。在把的过程中，父母可以做一些引导，比如发出"嘘——嘘"、"哗——哗"、"嗯——嗯"之类的声音，给宝宝形成一种条件反射，经过多次反复后，当把尿的声音信号和动作信号出现时，宝宝就知道该尿尿了。

大小便的时机

我带过一个叫鸿鸿的宝宝，我带的时候非常好，很听话，很少尿裤子。鸿鸿6个月大的时候，回奶奶家待了一段时间。回来后，鸿鸿妈妈反映鸿鸿不听把，一天能尿五六条裤子。我说不会啊，我把他每次都很好啊，几乎是立马就尿了、拉了。鸿鸿妈妈说大了长心眼了，一把就打挺，还"嗷嗷"叫。我细问之下才发现，回家之后都是奶奶把屎把尿，奶奶想当然觉得宝宝就是应该哪几个时间点大小便，大多数时候鸿鸿都不配合，根本不尿。这就是问题所在，把屎把尿不是依据大人的想当然，而是要根据宝宝的需求。有需求就把，不能频繁地甚至是强制性地把屎把尿。

这个年龄段的宝宝还不具备自我控制大小便的能力，孩子有这方面的意识最早也要到18个月，因而，这个阶段的把屎把尿，目的不是为了让宝宝控制自己的大小便，也不是为了形成宝宝大小便固定的时间点，而是把握宝宝大小便的时机，及时把屎把尿，为以后宝宝自己大小便打下基础。把尿训练赶早不如赶巧，掌握宝宝排便的规律和时间，是宝宝排便训练成功的关键。

　　新生儿躺在床上的时候，孩子的家人往往会问"孩子为什么老在动"，其实就是因为他身体里面有某些需求，他就会不停地动，有小便的话，排出来之后体内和体外有温差，宝宝肯定会有反应；要是大便的话，大便要往下走，宝宝也很难受，就会"嗯——嗯——嗯"地使劲。我们月嫂都知道，宝宝想要大便，会直视你，小拳头抱在胸前，眼睛瞪着你，一动不动，他实际上是在使劲，这是大便的信号。实际上这只是一个条件反射，并不代表他能把控这些问题。只是大人一看到宝宝这种反应以后，就应及时地做出行动。所以说应该由大人来把控这件事，而不是孩子。

　　要把握宝宝大小便的时机，就要学习辨认宝宝何时将要排便，就像学习辨认宝宝在饥饿时的哭声一样。每个宝宝大小便的反应可能不同，有的是发出"哼哼哼"的声音，有的是左右来回动，有的是抖一下，也就是我们俗说的"打尿战"，有的是皱着小眉头，有的是哭闹，有的是烦躁不安，有的是先放个屁，有的是不专心吃奶，有的是玩的时候突然停止不动、愣神，还有的是嘴角上翘、瘪嘴使劲……这些都是宝宝大小便前发出的特有信号。另外，一般的宝宝会在刚睡醒时和喝完奶15~20分钟时，最有尿意。还有一个时间点，一般是夜里2点到3点，要是喝奶多的话，这时候孩子准尿，因为夜里10点到2点，是孩子深度睡眠的时间，孩子几乎不尿尿。宝宝一般在2点或2点以后，早的是1点半会有尿急。细心的妈妈只要不断地细心观察、学习、记录、总结，就能使把屎把尿的成功率达到90%左右。

大小便的环境和地点

　　我带的宝宝凯文，我每次把屎把尿都固定在厕所。有一次，凯文妈妈和奶奶看电视看得正在兴头上，我看凯文想尿尿了。就给妈妈说去厕所把一把。凯文妈说在客厅里尿就行，七八个月大的孩子，不用非跑厕所去尿。可孩子"嗯，嗯，嗯"的哼唧，就是不尿，我说你抓紧时间抱厕所去吧。她抱着去了，结果还没跑到厕所宝宝就尿了。

很多家长都会问，把屎把尿应否固定地点？我觉得，如果每次把屎把尿都有固定的位置，不仅利于条件反射的形成，更会为以后宝宝控制大小便打下良好基础。到了一岁半到两岁时，就要培养宝宝控制大小便了，要适当延长每次尿尿间隔的时间，因为宝宝已经习惯了固定地点大小便，不去那儿他就不尿、不拉，这样就会比较容易养成宝宝控制大小便的习惯。

不要忘记表扬

父母把屎把尿成功或者宝宝很配合时，一定要记得表扬宝宝。诸如"宝宝真配合啊"、"宝宝真懂事"、"宝宝真听话"、"宝宝好厉害啊"等，对宝宝永远别吝啬表扬的话语。别看宝宝小，大人眉飞色舞地表扬，会让他充满信心。

尝试坐便盆的训练

当宝宝 8~9个月大时，如果能坐稳，父母可以给宝宝准备一个漂亮的小便盆放在卫生间里，当观察到宝宝有大小便的信号时，就可扶着宝宝坐在小便盆上大小便，让他逐渐体会到大小便和卫生间、便盆有一定

的关系。

　　若要训练宝宝大便的习惯，可以选择早晚固定的时间点训练。比如宝宝通常在早饭后10分钟以内容易有大便感，家长可以让孩子坐盆，排不出来也不要紧，10分钟后，就让孩子起来，每天如此，一般训练一星期后，排便的条件反射即可建立。孩子就会定时排便。但也要注意不要硬性训练宝宝使用便器，宝宝使用便器要有一个适应过程。在排便方面不同的宝宝有不同的情况，妈妈或爸爸不要因此而着急，宝宝不用便器并不是训练的方法不当，而是没有顺其自然。

　　训练宝宝在便盆上大小便时要注意，不要让宝宝坐着便盆玩或者吃东西，只有小便和拉粑粑才能坐到上面。

18~36个月的宝宝

　　我照顾过一个叫飞飞的宝宝，20个月时突然开始对厕所产生兴趣，尤其是对冲马桶这个环节。去别人家做客时，他总是喜欢到卫生间按一下放水按钮。平时有尿意时，他就会站在那里一动不动，这时妈妈会把他抱进厕所，尿完后，让他自己冲马桶。

　　很多宝宝差不多10个月大的时候已经能在便盆里大小便了。但很多时候，像20个月的宝宝飞飞上厕所的行为，也是由于妈妈能仔细观察宝

宝的表现并做了及时准确的处理，仅仅是使宝宝掌握了使用便盆的技能而不是宝宝自发的独立行为。宝宝有上厕所的自发独立行为，需要等到宝宝一岁半以后，有的孩子甚至要到三岁或者更晚。如果宝宝从小大小便的意识被强化得很好，在一岁半到两岁之间，膀胱已经发育得能憋住尿了，经过简单的引导，宝宝就能很快明白自己要上厕所时的身体感觉信号，并会提前通过动作或语言告诉父母。这时候，父母要抓准时机，加强宝宝控制大小便的训练，多数孩子是在2～3岁之间学会控制大小便的，形成良好的大小便习惯。

大人在养成宝宝良好大小便习惯时要注意：

不要对孩子施加压力，选择好时机和方法，以引领、鼓励为主

比如，让宝宝看大人（最好是同性的父亲或母亲）是怎样大小便的，大人可以做得尽量自然一些。孩子的模仿能力非常强，看过几次就会了，不过要注意不要让女孩子看见爸爸上厕所。我带过一个孩子，大小便训练得很好，13个月时已经蹲着尿尿了，可有一天突然发现宝宝站着尿尿，原来前一天宝宝爸爸上厕所忘记关门，她发现爸爸站着尿尿就模仿了起来。虽然只看到一次，可是改掉这个站着尿尿的习惯用了两天。

我带的萌萌一岁半多一点儿，有时候把把他，他不尿，一上沙发他就尿。尿了之后他也知道是他的错，抓紧跑了，我说："萌萌，应该在哪儿尿尿啊？"他就指指便盆。知道在那个地方，就是不往那个地方尿。

为什么孩子知道有固定的地点大小便却不去呢？这是缺乏引领的问题。宝宝一岁半多了，已经有对错意识了。对他，可以就事说事了，尿错了就是尿错了，这里不是尿尿的地方，可以告诉他要在便盆里尿，在沙发上尿是不好的。通过语言慢慢地引领他，不要指责。下次觉得他要尿尿的时候，就过去问问他："宝贝，你想尿尿吗？走，咱尿尿去。"他就会跟着去了。有时是因为自尊心的问题，宝宝本来是想尿的，但就是怕别人说他，他就会担心：万一我做不到位怎么办？所以应及早地通过语言去引领他、暗示他：尿尿要上那个地方去。

对这个年龄的宝宝，要让他学会用语言告诉父母他们要大小便，说话晚的孩子可多用手势。他尿裤子了会告诉你或者暗示你，或者知道尿裤子会不好意思了。大人看到了，要对此立即做出反应："宝宝好棒啊，知道自己褪裤子尿尿了。太聪明了。""宝宝真厉害，知道这是尿裤子了！没关系，下次想尿前，咱们可以去厕所了。"不要忽视这小小的进步，孩子能告诉你他要上厕所的一个重要前提条件是他已经具备了区分干与湿、干净与肮脏的能力。

这个年龄段的宝宝已经有穿脱衣服的概念了。大人应该在穿脱衣服时适时地告诉宝宝，这是衣服，这是裤子，尿尿时要把裤子褪下来，就像现在这样褪。一开始先教会孩子如何把内裤拉下来并穿上。当宝宝成功褪下时，别忘了及时表扬他。这样，过不了多久，再训练他脱复杂一些的衣物。当然，父母要注意，一开始应让孩子穿脱较宽松的内裤，不要太紧，半天脱不下来没有成就感，会把孩子搞得垂头丧气；要允许孩子想练习多少遍就练习多少遍，直到学会为止。

贵在持之以恒

这个年龄段的宝宝可以培养控制大小便的习惯了。宝宝控制大小便的次序大致上是这样的：夜间控制大便——白天控制小便——最后是夜间控制小便。一般来说，女孩学会控制大小便要比男孩早。要养成这个习惯，父母一定要有足够的耐心，不管是把尿还是训练宝宝坐便盆，最重要的一点是坚持，要持之以恒。再就是培养习惯时，一定要让宝宝轻松愉快，不可为此而伤害了那些性格内向、过于敏感的孩子。大人不妨先让孩子一天蹲两次便盆，对于大便已有规律的孩子，使用这种方法最好。在孩子通常的大便时间里，让他在便盆上坐一会儿。一开始，能不能成功不是目的，目的是让宝宝先接受这种大小便的方式，然后慢慢形成条件反射。孩子坐在便盆上时，可以用鼓励的语言表扬他一下。比如，开始时，他乖乖地坐在便盆上就鼓励他："宝宝好棒啊""宝宝能坐在小便盆上了"；以后每次要等到他顺利"完成任务"才能得到"奖励"："宝宝真棒！""宝宝拉出臭臭了，真厉害！"整个训练过程大概需要几个月时间。

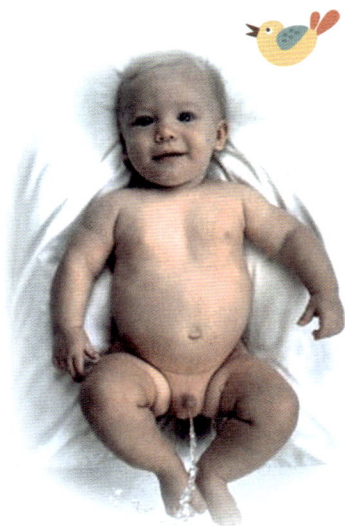

放松心态，正确看待尿床

很多家长问我：我们家宝宝尿床，怎么办？听到这里我一般都会问："宝宝多大了？"其实很多宝宝才两岁多。一般说来，孩子在一岁或一岁半时就能在夜间控制排尿了，尿床现象已大大减少。虽然有些孩子到了两岁甚至两岁半后，还只能在白天控制排尿，晚上仍常常尿床，这依然是一种正常现象。大多数孩子三岁后夜间不再遗尿。但是如果三岁以上还尿床，次数达到一个月两次以上，这才是尿床。所以妈妈们不要杞人忧天，宝宝三岁前不存在尿床的问题。不过，为了防止三岁后出现尿床问题，父母要及早培养宝宝夜间控制排尿的能力。

　　睡觉前不让宝宝喝大量水或吃过多水果；夜里固定把 1～2 次尿。如果宝宝夜里不让把，可以让宝宝躺着，身子蜷起来，类似蹲的姿势，小腿向上，给他推一推，摸摸他的屁股，慢慢地，让他有这个意识：哦，我要尿尿了。然后拍拍他：宝贝，放松，你尿尿吧。总之别让尿尿成为令孩子紧张的负担。

　　夜里每次把尿的时间从原来固定的时间点逐步往后延，先延半小时，再延一个小时、两个小时。这样能够慢慢锻炼宝宝膀胱的储尿能力，直到天亮下床排尿为止。

阳光小贴士

培养大小便习惯的注意事项

● 把尿时间不宜过长，3分钟即可。若超过5分钟，宝宝仍然没有便意，就不要勉强，过会儿再试。长时间处于把尿姿势，会使宝宝产生排斥情绪，往往适得其反。

● 不要过于频繁地把尿，这样不利于肾脏和膀胱的发育。

● 避免宝宝长时间坐在坐便器上，以致形成习惯性便秘。

● 有时，宝宝明明已经学会控制大小便，又会突然尿床或者白天大小便不愿意喊人，这种情况多半与宝宝的情绪有关。这种反复是非常正常的，父母应以宽容的态度看待宝宝突然的倒退，找出原因。

宝宝把不尿，
一放下就尿怎么办
我是不听把的！

　　我是在苏菲9个月时进入苏菲家的。苏菲妈妈在苏菲大小便问题上很是头痛，因为苏菲小的时候妈妈觉得把屎把尿对苏菲不好，所以就一直给苏菲穿纸尿裤，没有培养苏菲的大小便意识。等到苏菲8个多月，妈妈觉得该开始把苏菲的时候，苏菲根本不听把了。一把就哭，还不停地打挺，妈妈想坚持一会儿，又怕弄疼了苏菲。可是刚放下，苏菲就尿了。妈妈很是苦恼。甚至有时候，觉得是苏菲该拉粑粑的时间了，把一把吧，苏菲还是不让，可是放那玩一会儿，就听爸爸在那喊："拉了，拉了，站着拉了，只拉了一点，快把把。"妈妈赶紧跑过去把，可是苏菲又开始哭闹着不让把。妈妈后来看有关资料说8~9个月的宝宝可以用便盆训练大小便习惯，就买了个便盆，苏菲一开始还上去坐坐，但是很少有尿在里边的时候，强行把她按到那等一会，苏菲也是不肯配合。我一去，苏菲妈妈就开始求助：赶紧改改吧，长期下去怎么办啊。

其实，孩子不听把是大人的事。长时间给孩子穿尿不湿会导致孩子养成这种不听把的习惯。这时候，做父母的一定不要着急，越着急，你的这种情绪就会影响到孩子，他感受到你焦急的情绪，会很紧张，自然不会很放松地拉粑粑或尿尿。所以，这种情况下，最重要的是父母先把心态放平和，不要着急，慢慢来。这种大小便的不良习惯的养成不像吃饭、喝水、睡觉那样能够很快纠正过来，做父母的要做好长期作战的准备，一般需要1~2个月的时间，甚至一些尿床的宝宝，要半年甚至更长的时间才能改好。

要纠正宝宝不听把的习惯，首先要求妈妈要把握准把尿的时机，更要抓准宝宝尿尿的信号。

我问过苏菲妈妈都是什么时候把尿，她说估计差不多该尿的时候。我又问什么时候是差不多该尿的时候呢？苏菲妈妈说睡觉起来，喝完奶半个小时，喝完水10~20分钟后，出去玩之前，出去玩回来之后。我一听，时机都算可以，但是也要区分每个宝宝的不同情况。比如说出去玩之前和玩回来之后把孩子，可如果一天都没给孩子喝水的话，出去前回来后把她，她肯定不会尿的。即便说宝宝爱喝水，喝了足量的水，也要根据天气、孩子出汗的情况、孩子喝水的量来决定啥时候把尿。在给孩子喝水的时候，就要有这种意识，结合孩子当天的情况及时判断喝完水多久宝宝要尿尿，估计要尿几泡，要大概掌握这个时间，既不能动不动就去把孩子，也不能都没尿了，还逮着孩子使劲把，这样容易造成孩子的反感。苏菲妈妈时间点虽然抓准了，但没有结合苏菲的行为或语言暗示，想尿的时候没把，不想尿的时候使劲把，那宝宝能乐意吗？

还需要注意的是，所谓的把尿的时机只是提供一个大概的把屎把尿的时间点，最准确的其实还是宝宝要尿尿或拉粑粑时给大人的信号暗示。这个前面已经强调过，我们这里不再啰嗦。要成功把尿，父母一定要用心观察，在宝宝有尿尿的需求时把他，成功的可能才大，才能让宝宝慢慢地领会尿尿的时候应该怎么做才是正确的。

其次，营造大小便的环境。有父母说，怎么把他的时候他不尿，把他放下之后，他接着就尿了一裤子，觉得自己的孩子太特殊、太有个性了。其实不是这样的，有时候，大人把尿，宝宝很紧张，就很难尿出来。要知道，宝宝大脑神经发育不完善，抑制力差，小便的时候，在膀胱很胀的情况下，他想尿的时候，若填阔经那个地方很紧张，就尿不下来，甭管是几岁大的孩子，很多都是这个原因。父母给宝宝把尿把尿的时候，要为宝宝大小便营造一个放松的环境。比如，可以带宝宝到厕所里，拧开水管，开小一点水流，听那流水的声音，如果怕浪费水就接到盆里，水流到盆里的响声特别有助于小便。一听那个响声宝宝自然就有反应，他本来就有尿，一有这种声音，就自然地尿了。尤其男孩，那个很可爱的小便池挂在墙上很好玩，孩子本身也有尿，旁边一放水，他看看那个可爱的小便池，大人再吹吹口哨什么的，他立马条件反射就尿了。我带的一个宝宝，洗澡前把他，他不尿，洗澡的时候把他放到水里立马就尿。遇到这种情况，我的处理方式是：洗澡前洗头洗脸的时候，先拿个盆，舀上水，在旁边让他玩一会儿，先

给他营造尿尿的氛围，让他把尿排出来。等尿完了再让他洗澡。

第三，这么大的宝宝也可以直接培养蹲下来解决大小便的习惯。可以在玩的时候教宝宝蹲下来尿尿。尤其是当宝宝已经开始尿或者拉了，就不要再去把他了。如果大人观察到他的暗示信号，及时把他，宝宝会很舒服。可是如果宝宝已经拉了了，他觉得自己也能行，他就不会让把了。这时候，大人要是再着急、较劲的话，他就拉不出来了。这种情况下，家长就要引导宝宝，说："宝贝咱蹲下来，你看我都蹲下了，你也蹲下吧。"让宝宝主动地去做这件事情，而不是强迫他。

父母守则

宝宝的习惯更多的不是根据父母的主观愿望来强制养成，父母要做到细心、耐心，用心地借助宝宝自己的主动性，让宝宝自发主动地养成良好的习惯，包括良好的如厕习惯。

宝宝一会一尿、一次尿一点怎么办

妈妈，我是小尿泼子！

　　龙龙是我服务的一个一岁的宝宝。我进家时，龙龙妈妈告诉我，晚上要两个小时起来把一次龙龙。我很诧异，龙龙妈妈说："这小孩一会儿一尿，每次只尿一点点儿。"我又问："白天也两个小时把一次吗？"妈妈说："白天倒是没有刻意看时间，觉得差不多就把他一下。"我说："龙龙这样有点儿不正常。"龙龙妈妈却说："没事，可能最近把得勤了点儿，有点尿频了。"可是我不这么觉得，我觉得小孩可能有火了。

　　第二天，我仔细观察龙龙的尿液，发现尿特别黄，味也特别大。我再一看尿道口，也红了。我对龙龙妈妈说："你摸摸他的尿，我觉得孩子肯定有火了。"说完，我用手摸了摸尿的温度，尿是有点烫手的。龙龙妈妈也摸了一下说："确实烫。"后来，我在水里放上几粒花椒和少许盐，煮开，等水凉到37℃~38℃，装入矿泉水瓶子，在瓶盖上扎几个眼，做成一个小喷壶，用喷壶给他冲冲尿道口，注意不要用手去洗。冲上几次就能起到效果。

孩子如果尿频，有时候是病理性反应，妈妈们一定要注意仔细观察，及时就医治疗。上面说的龙龙这种情况，尿不够量，但是尿得很频，就是小肠火。有火他尿尿的时候肯定尿不完。孩子天生都有自我保护意识，他一尿就难受，肯定就不尿了，可是一会又憋了，又得尿，一尿又难受，那就又憋回去了。

遇到这种病理性反应，父母一定要重视。

如果发现尿道口红肿，可以在水里放上几粒花椒和少许盐，煮开，凉到37℃~38℃，装入瓶盖扎眼的矿泉水瓶子或者小喷壶，冲洗尿道口，注意不要用手洗。

父母也可以找中医推拿，给宝宝按摩一下，泄泄小肠火就行。

父母守则

宝宝无小事。任何不正常的现象都要引起父母的注意。父母在处理宝宝的问题上一定不要想当然。

05

卫生篇
我是卫生小标兵

如何养成洗澡的好习惯

　　宝宝对世界充满了好奇，看到东西就想摸，不管干净不干净，摸完还不让洗手；看到食物就想吃，而且直接伸出"脏手"抓向食物，根本没有洗手的意识；在外面玩了一身汗一身土，回到家里，不洗澡，直接就爬到床上去……

　　这些司空见惯的情景，很挑战爸爸、妈妈的承受力。尤其是在手足口病等疾病的威胁下，原本仅是令人头痛的成长之痒就更被重视起来。

　　这一阶段宝宝卫生习惯的培养主要包括：洗澡、洗脸、洗手和漱口刷牙。

洗澡对宝宝来说是件对身心健康有益的事情。经常给宝宝洗澡，不仅能清洁宝宝皮肤，还可以加速皮肤血液循环，调节机体各系统活动功能，有利于宝宝的生长发育；经常洗澡能消除疲劳，提高孩子对疾病的抵抗力，从而提高孩子的健康水平；经常给宝宝洗澡，还可以全面检查一下宝宝的皮肤有无异常现象，有利于宝宝疾病的预防和及早治疗。

小宝宝在妈妈肚子里的时候就已经适应水的环境，所以当宝宝出生以后，只要没有特殊情况让宝宝抵触甚至害怕洗澡，洗澡对宝宝来说都是件非常快乐的事情。因而，父母要抓住时机，让宝宝体会到洗澡的舒服与清爽，让宝宝感受到洗澡是一件快乐的事，让宝宝喜欢上洗澡，进而养成宝宝爱洗澡的好习惯。那么如何让宝宝爱上洗澡呢？

婴儿期：妈妈，我们在做什么

宝宝刚来到这个世界，对什么都很陌生，这时候给宝宝安全感很重要。如何给宝宝安全感呢？我的经验是妈妈在做任何事的时候都要告诉宝宝，我们这是在干什么。洗澡时也是如此。

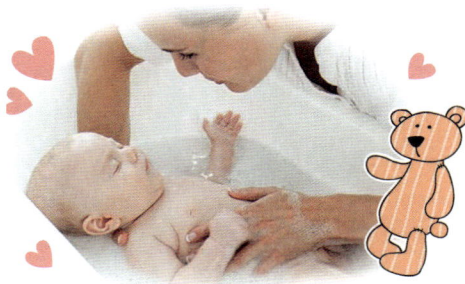

洗澡前，我们就要告诉宝宝："宝宝，我们一会儿要洗澡了。洗澡可舒服了。洗澡的时候，让水流过你的身体，是件非常美妙的事情。我们洗澡是要脱掉衣服的，我们现在脱衣服了。你看，妈妈给宝宝脱掉衣服了，妈妈给宝宝脱掉小裤裤了。"一步一步，妈妈不要嫌麻烦，事无巨细地都要告诉宝宝。宝宝了解自己目前正在做什么，就不会害怕，会非常配合。

给孩子洗澡的时候，想让他进入状态的话，可以唱着儿歌，用左臂和身体轻轻夹住宝宝，左手托住宝宝的头部，并用拇指、中指从耳后向前压住耳廓，使其反折，以盖住双耳孔，防止洗澡水流进耳朵里。

第一步先将小毛巾沾湿，依次给宝宝清洗眼睛、眉毛、口周、脸部和耳朵；洗到哪个部位就唱哪个部位的儿歌。

洗洗眼睛了：

两只眼睛大又明，样样东西看得清；

眯眯眼，笑开颜；

好宝宝，讲卫生，不用脏手揉眼睛。

洗洗眉毛了：

摸摸眉，有两条。皱皱眉，苦味药；

挑挑眉，瞪眼瞧；扬扬眉，哈哈笑。

洗洗小嘴了：

宝贝有个巧嘴巴，巧嘴巴会说话，叫爸爸，喊妈妈；

阿姨好，叔叔早，爷爷、奶奶请坐好。宝贝有个巧嘴巴。

洗洗小脸了：

眼看花儿红，嘴说花儿艳；

鼻闻花儿香，耳听蜜蜂到。

眉扬快乐笑，五官很重要。

洗洗耳朵了：

左耳朵，右耳朵，两只耳朵左右坐。

听故事，听儿歌，欣赏音乐真快乐。

第二步清洗头部，按摩头皮，然后用小毛巾擦干。也可以边唱儿歌边完成这些步骤：

照镜子，梳梳头，宝贝的头发黑又粗。

好宝宝，香宝宝，勤洗头，常理发，精神抖。

第三步，洗完头部后，去掉浴巾，用左手掌握住宝宝左手手臂，让宝宝头枕在左臂上，让水浸过宝宝的上身，使宝宝头微微后仰，然后清洗颈部、前胸、腋下、腹部、手臂上下、手掌，并用清水将泡沫冲洗干净；换右手托住宝宝的左手臂，让宝宝趴在右手臂上，洗背部、臀部、下肢、足部，用清水将宝宝的全身再冲洗一遍后，将宝宝抱出浴盆，用大浴巾将全身擦干。其间，洗到他某一个部位可唱着儿歌给他洗，洗到手：

我有一双小巧手，一只左来一只右，拿根红线串珠球，

串呀串，串呀串，串出一条长彩虹。

洗到脚：

一双脚走天下，两只脚蹦蹦跳；走呀走，跳呀跳，小脚本领不得了。

这样在不知不觉中宝宝很高兴地洗完澡，同时对自己的五官和身体有了很明确的认识。不仅会让宝宝养成爱洗澡的好习惯，而且爸爸、妈妈也可以通过这样的亲子互动，和孩子建立起深厚的感情。

8个月：我爱听故事

8个月的宝宝比婴儿期洗澡容易点，大部分的宝宝可以坐在盆里洗澡了。这个年龄段的宝宝已经能够和大人简单互动了，这时候可以通过讲故事的形式，来增添宝宝洗澡的乐趣。宝宝洗澡时，可以在澡盆里放些洗澡玩具，

比如各种小动物玩具。大人就可以用这些小动物来讲它们爱洗澡的小故事。但是澡盆里的玩具不宜放太多，今天要讲小鸭子爱洗澡的故事，就放只小鸭子；明天讲小青蛙的故事，就放只小青蛙。只要在安全状态下，只要宝宝喜欢，都可以放手让宝宝去玩、去摸，也可以让宝宝去给小动物玩具洗澡。

1岁半：我的浴室好漂亮

一岁半的宝宝基本可以走路了，也可以很稳当地坐在澡盆里了。如果是夏天的话，父母完全可以开始培养宝宝淋浴的习惯了。加上这个年龄段的宝宝在洗澡的时候，有精力关注更多的东西了，所以父母可以在浴室花点儿心思，如在浴室墙上贴一些宝宝喜欢的故事或者动画片里的角色，也可以贴一些可爱的水生小动物，营造出一个宝宝喜欢的沐浴环境。还可以利用宝宝喜欢的东西使宝宝爱上洗澡，有时候一双可爱的小拖鞋，都能成为宝宝洗澡的动力。我照顾过的波妞，特别爱淋浴。原因很简单，波妞妈妈给波妞买了一双特别漂亮的小拖鞋，而且只让波妞淋浴的时候穿。所以每天晚上到了洗澡的时间，波妞就会自己拿起小拖鞋，递给我让我给她穿上，然后跑到妈妈那里，拽着妈妈去淋浴。有时妈妈有事，让她等一下，她就自己跑到卫生间一脸期盼地等着。

2岁：妈妈，请尊重我！

夏天天气炎热，对这个年龄段的宝宝，妈妈可以勤快点，让宝宝在早晨起床后、白天午睡前和晚上各沐浴一次。

同时也要注意，两岁以后的宝宝已经有了自己的主见，什么事都喜欢自己作主，宝宝可能会突然出现不愿意洗澡的情况。这时候，大人一定不要强迫宝宝去洗，应通过和宝宝耐心交流，看看宝宝为什么不洗澡。宝宝不愿意洗澡的原因很多，有时是过了睡觉的时间，宝宝已经困了；有时是洗澡过程中有过不愉快的经历，比如水太热了、水流到眼睛里了等等；有时是因为大了，知道的多了，就自己生出一些担心：诸如怕喷头喷出的水、怕在浴缸中滑倒、怕洗澡后冷的感觉、怕不小心喝了洗澡水……

当宝宝不想洗的时候，应找出原因，对症下药，继续营造氛围，先跟宝宝玩一会儿水，让宝宝放松心情，再引导宝宝洗澡。如果宝宝还是不想洗，那就尊重宝宝的决定，改天再营造氛围，慢慢引导，千万不要因强制宝宝洗澡而让洗澡成为对宝宝的"折磨"。

1. 洗澡水的温度要适宜，过热或过冷都容易使宝宝产生不舒服的感觉，甚至因为水对皮肤的刺激而对水产生恐惧感，从而排斥洗澡。

2. 婴儿期洗澡动作要轻柔。婴儿期的宝宝，皮肤还很娇嫩，洗澡时如果不小心用力过猛或妈妈的手脚太重，都有可能伤到宝宝的皮肤或弄疼宝宝。

3. 洗澡要控制一定的时间，以5~10分钟为宜。洗的过程拖太长，宝宝玩得开心，就不愿意出来，也不利于良好洗澡习惯的养成。

4. 注意浴缸和地面是否很滑，以防宝宝滑倒摔伤，从而害怕洗澡。

给宝宝洗澡看似是一件简单的事，但实际上需要爸爸、妈妈的细心和耐心，根据宝宝不同的年龄段正确选择洗澡方式。特别是婴儿期洗澡手法更要讲究轻柔，这样既能让孩子感到舒适，又能培养宝宝爱干净、爱洗澡的良好卫生习惯。

宝宝不爱洗澡怎么办

我不爱洗澡！

我带的宝宝，一般服务结束后，父母有问题还是会打电话咨询我。我带过一个宝宝，宝宝妈妈是一位大学老师，宝宝一岁半时，妈妈放暑假，带着宝宝回了趟姥姥家。返程的时候可能是走的晚点，加上路上也比较累，孩子回来之后就很困了。但是妈妈觉得夏天太热，加上一路上颠簸，不给他洗澡没法睡，就强迫性地给孩子洗了澡。从洗了那次澡以后，宝宝就再也不愿洗澡了，不仅不洗澡，连手也不洗，就是拿湿毛巾给他擦擦手他都不愿意。

宝宝妈妈给我说过之后，我告诉她，这个时候宝宝易产生逆反心理，宝宝本来就困了、累了，再强迫他洗澡，导致了他对洗澡的反感。我建议她按我的方法试一下。

先不说洗澡，把洗澡盆刷好了，放上水，再放上一些小皮球、小鸭子和小金鱼等玩具，你就很自然的说："来，小鸭子，妈妈给你洗澡；来，小金鱼，妈妈给你洗澡。洗澡真舒服啊！哦，小皮球也要洗啊？好，妈妈也给小皮球洗一下，妈妈最喜欢爱洗澡的宝宝了。"

我告诉宝宝妈妈，8月份的济南，就是宝宝不脱衣服进去玩水也没关系，穿着鞋进去踩也不要紧，首要的一点是得让宝宝不抵触水了。宝宝妈妈试了两天后，给我打电话说："谢谢你，亓姐，宝宝洗澡已经正常了。"

👍 月嫂支招

一般宝宝不洗澡是有原因的。洗澡的时候有时是大人抓得太紧宝宝感到不舒服；要不就是水温过高或者水温过低；或者在不经意之间伤害了孩子，比如让肥皂沫或者水进到眼睛里了，呛了口水等等，让孩子有了不适的感受，使他形成自我保护意识，才会这样不愿意洗澡。

其实，不管什么原因，都可以通过营造洗澡环境来吸引孩子洗澡。

就像上面的案例，宝宝一岁多了，明白一些事情了，大人可以通过给玩具洗澡来诱惑孩子接受洗澡。孩子是挡不住诱惑的，况且孩子天性就喜欢玩水。他看着你给小鸭子等玩具洗澡的时候，就禁不住玩水的欲望，会不自觉地往盆这里凑。这时候也不用刻意喊他，他伸手给玩具洗澡就让他洗，他伸脚进去坐着就让他坐，先让他不抵触水，产生玩水的乐趣。这个办法适合1~3岁的宝宝。

如果宝宝才6~12个月，还不能理解你给玩具洗澡的行为，但宝宝就是抵触水、不洗澡，可以把水温调好，把宝宝放在一个空洗澡盆里，先和他玩一会，然后慢慢尝试着加一点儿水，看看宝宝的反应。如果宝宝反应很激烈，那就跟宝宝继续玩，等会儿再试，等到宝宝不排斥，再一点儿一点儿多次加水，慢慢加到洗澡的量。注意不能一次加入太多，以免引起宝宝的警惕和排斥。

如果宝宝才0~6个月，既不能通过游戏手段引诱，也不适合慢慢加水的方法，那怎么办？

我看护过一个没满月的孩子，也是不爱洗澡。我去了就问，宝宝为什么不愿意洗澡？前面洗澡期间是不是发生过什么事？爸爸说在医院第五天的时候，两个护士给宝宝洗澡，当时宝宝可能是饿了，不愿意洗澡，但还是硬给洗了，宝宝那天就哭得非常厉害。从那以后就不愿意洗澡了。

我听了这个情况，再给宝宝洗澡时，我就先把洗澡的所有准备工作做好了，让家里人给我另准备了一块长长的毛巾。我给宝宝脱衣服的时候，先脱下一只袖子，然后把毛巾缠到宝宝胳膊上，让宝宝感觉像没脱衣服一样。然后把他抱到盆边，顺着盆的一侧，慢慢地把宝宝溜下去。溜到下面手不松开，让他贴在盆边上，先慢慢给他洗那一只胳膊，先让他不惧怕水。等到他放松了、不抵触的时候，再一天一点点，逐渐给他把衣服和毛巾减脱下去。这样宝宝慢慢地就接受洗澡了。

这么小的宝宝，也是采用逐步递进的方式，让宝宝慢慢接受水，慢慢接受洗澡。可以先让他去摸一摸水，每天尝试一点，先给他洗洗手、洗洗脸，也可以让他坐在水边，边听儿歌边洗。不管他听不听得懂，都要与他交流："我们洗洗小手了，我们洗洗小脚丫了。"这个改善的过程，可能越小的宝宝需要的时间越长，大人一定要有耐心，循序渐进。

🌸 父母守则

宝宝不愿意洗澡，千万不要强迫他。一旦大人强迫他一次，他下一次就更加排斥了。宝宝情绪不好、烦躁不安的时候更不要强迫他洗澡。

宝宝洗澡不愿出来怎么办

妈妈，我还没洗完呢！

有的妈妈为宝宝不洗澡头痛，也有的妈妈为宝宝洗澡不愿出来而烦恼。尤其是冬天，水温下降得快，水快凉了，宝宝就是不出来，只能不停地加点儿热水，再加点儿热水，可是还是担心宝宝会感冒，最后只好硬把宝宝抱出来，却引得宝宝一阵大哭。

我现在照看的这个涛涛，一岁三个月，只要我星期天歇班，星期一的洗澡准是洗着洗着就在里面玩兴奋了，坚决不出澡盆。让他出来就闹。我说："这是洗澡，不是游泳。洗澡天天洗，我们明天还可以洗，如果你今天洗多了，明天可就不洗了。"小家伙很为难的看着我，正在做选择。可这时候奶奶在旁边说："他想玩你就让他再玩一会儿吧，你看他玩得多么高兴。"宝宝一听，低着头又玩起来。我让奶奶又给宝宝拿来两个玩具，宝宝一高兴，一转移注意力，我迅速地抱起宝宝出了洗手间。出来了，宝宝有时可能会哭闹，那就赶紧找别的玩具或者他平时喜欢的东西转移他的注意力，哭一两声也就忘记了。

洗澡的时候，不要让孩子过于兴奋。洗澡也得控制一定的时间，小宝宝一般5~8分钟，大宝宝在水温室温合适的情况下，可以多洗一会儿，但尽量要按规矩来，不要超过10分钟。因为洗长了，玩开心了，进入兴奋状态了，孩子就不愿出来了。要让宝宝有一种认知：洗澡不是游泳，不是来玩的，洗完必须出来。

洗澡的时候不建议给宝宝太多玩具玩，他一边洗一边拿着玩具玩，这样洗澡更不安全，因为他拿玩具的时候，大人手的力度就不好掌控了。

给孩子洗澡的时候，想让宝宝进入状态的话，可以唱着儿歌，摸着他的某一个部位（腰、胸部、腋窝、大腿等），说着给他洗，这也是对孩子早教的一种方式：摸到哪一个部位就说哪一个部位。最后抱起来："哦，我们要走咯。"宝宝就根本来不及做出不想起来的反应。

在宝宝习惯养成的过程中，大人一定要坚持原则，习惯的养成最怕有变数。像涛涛奶奶一样的大人有很多，总觉得没事，不就一小会嘛，又不是大是大非的问题，不用那么死板。可是，要知道小宝宝什么话都能听得懂，有一个顺着他意思的，哪怕一句话、一个眼神，他就会立刻抓住，知道有余地，那就闹一会，看看你依不依着我。宝宝洗澡这次没玩够，不出来，抱他出来他"哇哇"地哭，下次他又"哇哇"地哭，那就只得让他玩比一小会再多一小会他才愿意。慢慢地他洗澡就不愿意出来了。

父母守则

大人在宝宝习惯的养成的过程中要坚持原则。如果这次没原则，下次宝宝就会变本加厉。

宝宝不愿洗头怎么办

我不要洗头！

很多宝宝在洗头的时候哇哇大哭，哭得妈妈们非常不忍心。老人们会说："没事，这是小孩子护头，长大就好了。"

我接好好的时候，她才6个月。好好妈妈告诉我，好好喜欢洗澡，但就是不喜欢洗头，而且平时也不喜欢别人触碰她的头。我觉得既然好好喜欢洗澡，肯定不是怕水，就问："你们给好好洗头的时候是不是让她不舒服过？"好好妈妈说："对，可能有一次在冲头发的时候把洗发水弄到她眼睛里了。"好好有了这个不好的记忆，肯定不愿意洗头了。

我说："不要着急，要让好好接受洗头并爱上洗头，可能还需要一段时间。"好好妈妈说："只要洗头不哭就行。她一哭，我心都乱了，都不敢下手了。"我说："没关系的，今天我来试试吧，不过以后你不能心乱了，孩子哭，你一乱，孩子会更紧张的。"

下午我给好好洗澡的时候，没有把头和身体分开洗。洗完澡的时候，另外准备了一盆水，告诉宝宝："我们要洗头了。"顺手在宝宝头上抹了两

把。由于宝宝抵触洗头，在我洗的时候，一直观察着宝宝的表情，见她有点不高兴了，我就不再给她洗了。擦了擦头，全身包着出来了。然后我就告诉好好："好好真棒，刚才给好好洗头，好好也没哭，好好表现真好！"

平时，我跟好好玩的时候，拿宝宝梳子给她看看，告诉她："这是梳子，要给好好梳梳头发，这样好好就更漂亮了。"好好觉得很新奇，就让我轻轻地给她梳头发。每天梳完都给她做做头部的按摩，因为按摩的时候很舒服，所以好好并不排斥头部的按摩。等到洗澡的时候，我就一边做着好好的"思想工作"，一边观察着好好的表情，多洗几下头。经过一周的慢慢递进，我觉得可以给好好洗头了。

我刚一放倒好好，好好就非常敏感地哭起来。我觉得可能好好紧张了，因为这几天洗澡的时候都没有这个步骤。于是我把她抱在怀里，安慰她说："没事的，好好，阿姨这是要给你洗头啊，洗洗你又黑又亮的头发，我们的好好可漂亮啦。"我为了让好好放松，先给她做一个轻微的按摩，轻轻地抓抓她，一会她觉得很舒服了，我说："那我们洗澡吧。"我又把好好放倒，说："宝贝，来，洗洗右眼睛，洗洗左眼睛，哎哟，这是你的小鼻子，再洗洗眉毛，左眉毛，右眉毛，然后再洗洗嘴巴，左耳朵，右耳朵，洗洗你漂亮的脸蛋。"洗完了这些之后，说："哎，这是你黑黑的头发，我们来洗一洗。"这样就很自然地洗完头了。

宝宝不愿意洗头和不愿意洗澡一样，肯定是因为洗头让宝宝不舒服或者不愉快过。妈妈们可以回忆一下，宝宝不愿意洗头是不是曾经因为洗头弄得他不舒服？所以洗头时一定要注意水温，还要避免把洗发水弄到宝宝的眼睛和耳朵里。

给孩子洗头时一定要让他放松。一开始他可能紧张，往往哭得很厉害，这时候大人一定不要乱，先让他躺在大人怀里，先不去洗，给他做轻微的头部按摩，让他放松，一会儿他觉得舒服些了，就不紧张、不排斥了。有的孩子哭闹的原因就是大人夹得他太紧了。

洗的时候要注意，千万别用手指尖去给他挠，要用指肚给他洗，这样孩子就会很舒服。

再大一点的孩子，两岁左右，洗头时可让他下半身躺在沙发上，头枕在大人的身上。平时玩的时候就让他这样躺在大人的身上，给他按摩按摩头部，洗的时候，慢慢地用语言引导他。有放松、舒服的体验了，再洗头他就不紧张了。当然，这个年龄段的孩子不喜欢躺下洗头，大人也可以培养孩子坐着洗头的习惯。这样的方式不仅让大人省力，还缩短了洗澡的时间。如果怕水进到眼睛和耳朵里，可以戴上安全浴帽。我一般用一个长一点的毛巾给宝宝围上，这样有水也过不来了。不过，毛巾比较适合有经验的妈妈，她们能够在毛巾全部湿透前很快地给宝宝洗完头。

父母守则

第一点，也是最重要的一点，就是要让孩子有安全感，在洗头时不要让宝宝有不舒服、不安全的感觉。

第二点，事先将要做什么、怎么做告诉孩子，尤其是小宝宝，要相信宝宝能听得懂，要是觉得孩子不懂，可以亲身示范。

第三点，一定要循序渐进，一步一步慢慢来，不能着急。

洗洗小手保健康

　　手接触外界环境的机会最多，也最容易沾上各种病原菌，特别是手闲不住的宝宝，哪儿都想摸一摸。到了春季，进入流行性传染病的高发期，如果再用这双小脏手抓食物、揉眼睛、摸鼻子，病菌就会趁机进入宝宝体内，引起各种疾病。如何让宝宝养成洗手的习惯，成了妈妈急需解决的问题。

0~6个月宝宝——好习惯从婴儿抓起

　　习惯是要从小养成的。不管多大的孩子，哪怕是月子里的孩子，每天早上起来，洗脸洗手都是必须的，哪怕不洗，用湿毛巾擦，都得让宝宝有这种洗手、洗脸的意识。这么大的宝宝，所谓的洗手只是将毛巾用温水浸湿，轻轻擦干净宝宝手心、手背和指缝，并不是很复杂，但是我们重在洗手意识的培养。每天早上睡起来、每次喝奶前，都要告诉宝宝：起床了，要洗洗小手了，要吃饭了，要洗洗小手哦。不要小看你的这一句话，只要不断地告诉他，他能听得明白。

　　我刚做月嫂那会儿，带过一个宝宝，才三个月。每次宝宝吃完奶我就告诉他：宝宝，阿姨这

是在给你擦嘴呢。有一次他很烦，在那哭。我为了转移他的注意力，就说："来，宝宝，阿姨给你擦擦嘴。"结果宝宝立即停止哭泣，把小脸扬起来，等着我给他擦擦嘴，擦完，接着哭。所以，我坚信小孩什么都听得懂，他只是不会说。每天重复给他说着一句话，他就会很清楚很明白。所以从宝宝出生就要培养宝宝洗手的好习惯，要告诉他什么时候该洗手了，勤洗手才能健健康康长大。

6~12个月宝宝——帮助宝宝洗手

这个年龄段的宝宝，大人要继续强化他洗手的意识，告诉宝宝洗手的道理：手接触外界难免带有细菌，这些细菌是看不见、摸不着的，如果不将双手洗干净，手上的细菌就会随着食物进入肚子，宝宝就会因为吃进不洁的东西导致生病。

这个年龄段的宝宝还太小，不能在水龙头下洗手，妈妈可以提前准备好宝宝专用盆、专用小毛巾。每次吃饭前，可以唱着儿歌去洗手：

肚肚咕咕叫，催我吃饭了。有件重要事，我可没忘掉：

放下手中书，赶紧往外跑；打开水龙头，洗手要记牢。

洗手的时候，大人抱起宝宝，认真教宝宝洗手：

大拇哥，二拇弟，三姑娘，四小妹，五妞妞，唱大戏；

洗洗手心，洗洗手背，冲洗两遍，毛巾擦干。你是我的乖宝贝。

1~2岁的宝宝——带动宝宝洗手

我带过一个叫点点的宝宝，一岁四个月，每次从外面回来和吃饭前，我都会逗她说："点点长得好白啊，我看看小手白不白？"点点就会很骄傲地伸出她的小手，"哇，点点的小手怎么是黑的？黑的就不漂亮了，而且会有很多不干净的东西，吃了拉肚肚，怎么办？"点点就会拖着我往洗手间走。我就会适时地表扬："哦，对了，洗手是吗？点点太聪明了，阿姨都没想到呢。那我们洗手去吧。"

到了洗手间，点点就会将妈妈给她准备的小凳子推出来，等着我把她扶到上面站好，点点会自己拧开水龙头，拿起妈妈给她准备的颜色很鲜艳的婴儿香皂，一通乱抹，抹完还像模像样地搓搓手，然后冲干净。我在旁边也没闲着，表扬式地纠正她洗手时的不足："点点真厉害，要是这样搓搓小手就更好了。"这种表扬式的纠正，点点更乐意接受。洗完小手，我会故意大声说："哇，点点的小手真干净、真漂亮，洗干净了，可以吃东西喽！"然后还不忘把鼻子凑到她的手上闻闻，然后说："点点的小手真香呀！"

这个年龄段的孩子，虽然已经意识到饭前、便后要洗手，但还不能主动去做。所以这时候，需要大人在宝宝应该洗手的时候，提醒宝宝洗手。当然，大人不要直接说："宝宝，要吃饭了，洗手去。"因为没有谁喜欢听命令式的语气，小朋友也是如此。大人可以说："宝宝，要吃饭了，妈妈要去洗手，宝宝陪我去好吗？"或者"宝宝给妈妈洗洗手好吗？"然后大家就唱着儿歌快快乐乐地去洗手。宝宝洗完手，大人要及时肯定，及时表扬，以增强宝宝的自信心。

这个年龄的宝宝会走、能跑，在外面玩的时间更长，接触的东西更多，所以最好用流动的水洗手。妈妈可以给宝宝准备好一个小凳子，每次让宝宝站到小凳子上，和大人一样在水龙头下洗手，这样做会让宝宝非常有成就感。

2~3岁宝宝——学会自己洗手

言传身教

这个年龄的宝宝已经开始学习自己上厕所了，他能够模仿大人上厕所，也能模仿大人上完厕所后怎么做了。可以让他看看大人平常上厕所的程序，包括是怎么洗手的。在洗手的时候，大人的动作要慢一点、夸张点，让宝宝看清楚是怎么洗手的。如果他看到大人洗手了，就会认为上完厕所洗手是必须的。

善意谎言

如果宝宝生病了，我们可以说一些善意的谎言，来增强宝宝饭前便后洗手的主动性。比如，如果宝宝有一次吃东西前不洗手，而第二天又生病了，大人可以告诉他：不洗手细菌进入体内，就会生病。让他知道如果他摸了脏东西后，再摸嘴巴，就可能会生病。因为宝宝体会到生病不舒服，以后就会主动去洗手了。

表扬激励

我认识一位家长，在孩子的习惯养成方面非常用心。他将宝宝洗手时候的样子拍成照片贴在家里的墙上，每次家里来客人都会当着宝宝的面告诉客人宝宝是个非常讲卫生、有着好习惯的孩子。宝宝听了会非常自豪，也就更加主动地去洗手了。

专属物品激励

大人可以给宝宝专门准备一块漂亮的擦手的毛巾，并告诉宝宝这是给他专用的，就像爸爸、妈妈也有自己的专用毛巾一样。宝宝听了就会觉得自己跟父母一样，是个大人了。加上宝宝一般都非常重视自己的专用物品，他就会千方百计地找机会使用这些物品，就会更加主动洗手了。当然，在宝宝开始出现自觉洗手的行为时，家长一定要及时表扬，激励宝宝把这种好的行为坚持下去。

阳光小贴士

洗手时，首先要把手腕、手掌和手指在水龙头下淋湿，擦上足够的香皂或洗手液并涂抹均匀，然后反复揉搓双手及腕部，整个揉搓过程不能少于30秒，最后再用流动的自来水将手上的泡沫冲洗干净。

宝宝不愿洗手怎么办

妈妈，我不爱洗手！

我带过一个宝宝，叫喜宝。小时候带过三个月，他一岁多时，又回去带他。临去前，他妈妈告诉我，喜宝对洗手非常恐惧。我解决这个问题的指导原则就是：大人比孩子慢一点。我到他家后，洗手前我就故意问宝宝："要到哪里洗手啊？"我就故意往卧室里跑。喜宝就在后面跟着我，把我往洗手间拖。

我顺势跟着喜宝到了洗手间，搬了个凳子，让喜宝站在洗手盆旁。然后我假装困惑地问："这怎么洗啊？从哪洗？都打不开水龙头，该怎么打开啊？"喜宝在一旁很着急，"嗯、嗯"地指着水龙头，看我还不会，就上去把水龙头的把手往上扳。我赶紧表扬："喜宝真厉害。出水了，比阿姨都聪明。可是怎么洗手啊？"喜宝就拉着我的手，对着搓搓。于是我就唱着儿歌，和他一起洗手。

我就这样慢慢引导着，喜宝每次洗手都很积极，逐渐养成了主动洗手的好习惯。

习惯要从小养成。不管孩子多大，哪怕是月子里的孩子，每天早上起来，洗手、洗脸都是必须的。哪怕不洗，用湿毛巾擦，都得让宝宝有这种洗脸、洗手的意识。3~6个月的孩子开始养成良好的习惯是非常好的。这段时间，可能有的大人什么都依着孩子，觉得孩子还太小，什么也不懂，等他大点再说吧。千万不要有这样的想法。在3~6个月期间，可以开始让宝宝明白，什么事该干，什么事不该干。

宝宝渐渐大一点，可以抱着出门玩，回来一定要先给孩子洗手。在宝宝习惯养成的过程中，大人要结成"统一战线"。当妈妈领着去给宝宝洗手的时候，就怕别的大人在旁边说"他手不脏，不用给他洗了"，"不用洗，这么点儿小孩，出去什么没干，手能有多脏"之类的话。只要有一个大人这么说了，他就觉得自己可以不干这件事，一句话就可以破坏这个原则。

父母守则

纠正宝宝不爱洗手这个习惯，关键点在于大人的正确引导。大人要比孩子"慢一点"，要引导宝宝自己去做这件事情，而不要轻易否定宝宝的行为。第二，大人在纠正习惯的过程中，一定要坚持原则，结成"统一战线"。

刷刷刷，刷刷刷，刷出一口小白牙

看见宝宝长出第一颗牙齿，在为宝宝的成长欣喜的同时，妈妈的疑问也随之而来：什么时候该让宝宝学习刷牙呢？什么时候开始培养宝宝刷牙的习惯？很多爸妈觉得，从宝宝长牙开始就不晚，但是我还是坚持认为，任何习惯都可以从娃娃抓起，从小加强刷牙意识的培养是非常重要的。

0~6个月的奶娃娃

宝宝在月子里时，喝完奶，给他喝口水，冲冲嘴，并告诉他要注意口腔卫生，长大后牙齿才不会生病。一开始就要强化宝宝爱护牙齿的意识。

宝宝出生两个月，开始会吸吮的时候，就可以进行口腔清洁了。因为这时宝宝的牙床会经常发痒，喜欢咬东西，可以借着宝宝的这个"喜好"，帮宝宝清洁口腔，让他熟悉刷牙的感觉。

可以在开水中放上一丁点儿盐，晾温了，在食指上带上指套或者缠上纱布，蘸着水，给他轻轻擦擦上下颚、牙龈等部位。一开始，大人先把手指放到宝宝嘴里让他感觉一下，这个时候他可能会咬你，而且咬得特别使劲，要告诉他："宝宝，要给你刷牙了，你要乖。刷刷牙，牙齿才健康，可舒服了。"每次刷牙都告诉他。几次下来，等大人再带上指套，他就已经很享受地在那张着小嘴等着了。

口腔是非常敏感的部位，如果没有养成习惯，等到宝宝长齐牙才让宝宝开始刷牙，宝宝可能不接受有东西放到嘴巴里的感觉，就会因为不舒服而拒绝刷牙或者哭闹。因此，这一阶段，口腔清洗习惯的养成非常重要，就是为了让宝宝从小习惯这种刷牙的感觉，为接下来的刷牙打好基础。

宝宝长乳牙了

当宝宝开始长出乳牙，也就是宝宝六个月到两岁半大的时候，手部精细动作能力和手眼协调能力都已经发展到一定程度了，手眼协调的动作都能完成得很好了。这时候就可以让宝宝开始刷牙了，但是由于孩子动作发育的限制，很难做到规范地刷牙。

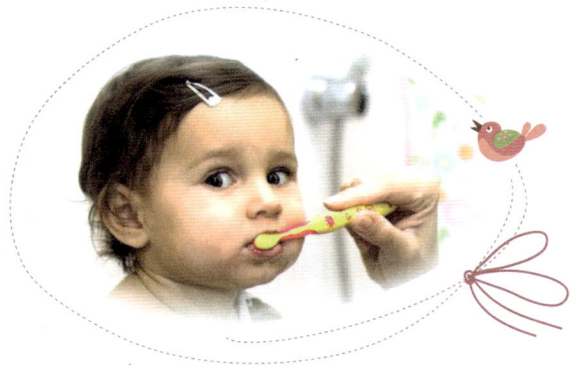

因为这个时期宝宝的"探索"欲望开始渐渐增强，对很多事情都觉得新奇好玩，妈妈

要抓住这个机会。可以给宝宝一只牙刷，让他玩耍，通过游戏引起宝宝对刷牙的兴趣。妈妈可以用唱歌、说话、讲故事的方式和宝宝互动，先示范刷牙的动作，让他自行模仿。不需要他真的会刷，更多的是当作一种游戏，让宝宝产生"刷牙是一件很有意思的事情"的想法，让宝宝慢慢地形成这种意识就行了。

这个阶段教宝宝刷牙应更注重"游戏的快乐"，而不是非要宝宝学会不可，如果宝宝不愿意，也不要强迫他，等他想玩的时候再进行也是可以的。

宝宝乳牙长全了

从两岁半到三岁左右，宝宝乳牙就长全了，可以让宝宝了解刷牙的过程和细节，为他日后自己刷牙做好准备。这个年龄段宝宝刷牙就要固定时间和地点了。一般是每天早晚各一次，孩子可站在或坐在椅凳上，在洗浴盆前，用牙刷沾温开水刷。这么小的孩子可以先不用牙膏，妈妈站在孩子一侧，和宝宝一起刷牙，并将刷牙的要领编成儿歌引导宝宝刷。想让宝宝乖乖地练习刷牙，可以好好地利用镜子，因为这个年龄的小朋友对自己很好奇，妈妈可以引导他去看看镜子里的自己，小朋友若哭闹就停下来，等他的情绪稳定了再继续。一般来说，宝宝看见全家人都刷牙，就会带动宝宝更自觉地坚持刷牙。

这个阶段可以通过游戏的方式教给宝宝正确的刷牙方法。我最近照顾的波妞宝宝，妈妈给她买了早教碟，她很喜欢里面"巧虎刷牙"那

段，总是念叨着"巧虎爱刷牙，娃娃爱刷牙"。每次爸爸、妈妈刷牙的时候，她也煞有介事地踩着凳子跟爸爸、妈妈挤在洗漱台前刷牙。但是波妞还是不太会刷，虽然妈妈也给波妞讲解，但是波妞还是没掌握并且有点着急。于是我和波妞玩游戏的时候，就把牙刷当玩具，一起给小熊刷牙，给洋娃娃刷牙。我先示范给波妞看怎么给小熊、洋娃娃刷牙，每次示范后，波妞就抢着要去给玩具刷牙，很认真地按照我教的步骤一步一步地进行。结果没过一周，她就能像给玩具们刷牙那样，正确地给自己刷牙了。

刷牙歌

小牙刷，手中拿，挤上牙膏来刷牙；对准牙缝上下刷，
再刷牙面左右拉，里里外外全刷净，牙齿白亮人人夸。

阳光小贴士

全国牙病预防指导小组推荐一种竖刷法：将牙刷头平行于牙面，并与牙面成45度角，然后顺着牙的长轴刷；刷上牙时从上往下刷，刷下牙时从下往上刷，刷后牙咀嚼面时，前后来回刷；刷牙不但要刷牙齿外侧面，也要刷牙齿内侧面和咬合面。按一定顺序刷，从左到右，再从右到左，刷完全部牙齿需2～3分钟。当然，如果宝宝不能坚持2～3分钟，也不要太在意，创造愉快的感觉很重要。

宝宝不爱刷牙怎么办

妈妈，我不想刷牙！

有的宝宝从小养成了刷牙的习惯，也有刷牙的自觉性，每当大人刷牙时，就会跑过去也像模像样地刷起来。可是为什么突然有一天他却告诉你：妈妈，我不想刷牙！

我有一个客户，我照看的是他家的老二。老大鑫鑫现在快三岁了，有着刷牙的好习惯。每次刷牙的时候，会自动地跑到洗漱盆旁，等着大人把她抱到椅子上，站在那儿刷牙。我就抱着小的在那看着，唱着儿歌给她刷，鑫鑫配合着儿歌刷得可高兴了，而且已经刷得很好了。

有一天，鑫鑫妈妈过来看看，说："你看你刷得不干净，好好刷。"一会又过来看看，说："赶紧漱口，漱干净，你看你口里还有牙膏沫呢。"看到牙膏泡沫弄身上了，又说："你看，你弄身上了，这么不小心。"中间我拿眼睛暗示妈妈不要说，可妈妈就是忍不住。

事后，我对鑫鑫妈妈说："刷牙的时候别再批评鑫鑫了，你老批评她，她都烦了。本来她已经刷得挺好了，你一会儿说她不会刷，一会又说弄错这弄错那了，孩子就反感了，造成鑫鑫对刷牙的抵触，

以后你让她刷她也不刷了。这不是适得其反吗？如果怕她把牙膏弄得到处都是，可以不用给她放牙膏。你刷牙的时候让她看着，告诉她应该怎么刷，给她做个示范，你怎么刷她就会模仿怎么刷，自然就会刷了，也就规避了刚才她那些问题。"

鑫鑫妈妈接受了我的意见，第二天鑫鑫刷牙时，妈妈就陪着鑫鑫一起刷，告诉她："鑫鑫已经刷得很好了，真棒！如果这里能够竖着刷就更好了。"鑫鑫很高兴妈妈和她一起刷牙，妈妈教的刷牙的动作也用心记下了，并跟着妈妈学。结果第三天以后，一到刷牙时间，鑫鑫就喊："妈妈，我们一起刷牙吧。"

月嫂支招

有些家长把宝宝刷牙看得很严重，一看到孩子姿势不对、刷牙不按时，就恼火生气，这样反而造成孩子紧张、害怕，从而很容易使宝宝抵触刷牙。与其这样，还不如顺其自然，让孩子知道，刷牙、洗脸是每个人每天都要做的事情，就像吃饭一样简单自然。孩子到了一定的年龄，有些精细动作自然就心领神会了。

宝宝也是有自尊心的，而且自尊心很强。所以如果是父母的原因导致宝宝不愿意刷牙，首先，父母一定要真诚地向宝宝道歉，告诉宝宝："是妈妈不对，宝宝做得已经非常好了，是妈妈太心急了。"

其次，要淡化对刷牙的关注度。一旦宝宝形成抵触情绪，大人要淡化宝宝对刷牙的关注度，可以告诉宝宝："其实，刷牙是件很自然的事情，宝宝不用太把它放在心上，像吃饭一样，到时间我们去刷牙就好。"

第三，外界条件的辅助。可以让宝宝挑自己喜欢的颜色漂亮且模样新奇的儿童牙刷，重拾宝宝对刷牙的乐趣。也可以每次刷牙时都固定放同一首歌听，可以选一曲三分钟左右的歌，这样，一听这歌就知道要刷牙了，而这首歌听完了，宝宝也就可以结束刷牙了。这样可能会让宝宝觉得比较有趣。

第四，父母带动宝宝刷牙。每次刷牙时，大人和宝宝一起去洗漱台前，如果宝宝对刷牙的抵触情绪比较强，可以先不急于让宝宝刷牙，让孩子坐在镜子前跟他做些有趣的鬼脸，或给他拍下刷牙的照片贴在洗漱台旁，跟他讨论一下刷牙时高兴的事，这时高兴的他就会和你一起"咯咯"地笑起来，并愿意跟着你一起刷牙了。也可以增加刷牙的互动，比如，你给宝宝刷，同时让宝宝给你刷，或者宝宝自己先刷，你再给他刷一遍。这些做法都是为了让宝宝保持刷牙的兴趣。

父母守则

教宝宝刷牙虽然是为了给孩子的健康加分，但孩子有自己的成长规律，学习刷牙也是一个循序渐进的过程，家长不要过于心急，不要指望孩子一步到位，马上全部学会，更不要强迫孩子，以免孩子产生抗拒的情绪。

06

社交篇

我是小小外交家

如何养成宝宝分享的好习惯

从独一代到独二代，在家中"独大"的孩子，第一堂社交课，往往是要学会如何与他人分享。分享是宝宝个体亲近群体、避免自私自利的有效手段，更是每个宝宝都要养成的好习惯。那么该如何养成宝宝爱分享的好习惯，让分享教育富有成效呢？我有一些实践经验可供爸爸、妈妈们参考。

培养宝宝正确的分享意识

带宝宝出去玩的时候，经常会遇到这样的情景：宝宝喜欢别的小朋友的玩具，瞪着眼就想去夺。有一次，一个一岁三个多月的宝宝想夺一个三岁半宝宝的玩具，夺不过来，就转头看着他的

阿姨，"姨、姨"地叫，意思是想要哥哥的玩具。阿姨说："你拿你的玩具去跟他换一换。"可哥哥不要他的玩具，嫌不好玩。阿姨又说："你叫哥哥，让哥哥跟你换换玩。"宝宝叫着"哥哥"，把玩具硬塞到人家手里，一把夺过哥哥的玩具。哥哥刚要抢，却被妈妈拦住说："宝宝，玩具给弟弟玩一会，听话的宝宝都会把自己的东西分给小朋友，要学会分享。"哥哥犹豫了一会，不高兴地走到一边玩别的去了。

　　每当我看到这样的情景，真的很想告诉各位妈妈，这样教宝宝分享的做法很不恰当。一提到分享，妈妈对宝宝的教育通常就是："好吃的要分给小朋友一起吃。""宝宝，你的玩具要和小朋友一起玩，要懂得分享。"听到妈妈这么说，宝宝就在心里说："哼，妈妈一点儿都不喜欢我！我就不给他，我还要打他、咬他呢。"事实说明，如果妈妈对宝宝的分享意识处理不当的话，很容易让宝宝觉得这根本就是赤裸裸的掠夺，根本不是分享！所以，要想让宝宝从心底里爱上分享，前提是要给宝宝确立正确的分享意识：分享不是失去，而是互利！

　　孩子之所以不愿与人分享，是因为他觉得，分享就是失去。大人应该理解孩子这种舍不得的"痛苦"，让孩子明白，分享并不是失去，而是一种互利。分享体现了自己对别人的关心与帮助，自己与别人分享了，别人也会回报给自己同样的关心与帮助，这样彼此爱护、体贴，大家都会觉得温暖和快乐。

　　在宝宝小时候，还不知道分享快乐、分享情绪，更多的时候是分享自己的物品，包括吃的、喝的、玩的。所以，当宝宝吃东西的时候，我会说："爸爸、妈妈那么爱你，你要不要给爸爸、妈妈尝一尝？"通常宝宝都会分享给爸爸、妈妈，这时候，我会告诉爸爸、妈妈，宝宝给你们尝，你们就尝一下。大人吃完后，要肯定和表扬宝宝的分享行为："宝宝真乖，爸爸、妈妈都爱你，等爸爸、妈妈有好吃的也给宝宝吃。"宝宝会很高兴，觉得："哦，我给爸爸、妈妈吃了，爸爸、妈妈有好吃的也会给我吃。真好！"那么下次他就会很高兴地与人分享。

在孩子眼里，很多时候都是看着别人家的东西好，想玩别人家的玩具。所以出去玩时可以给孩子带个玩具，当别的小孩想玩宝宝的玩具时，我们要告诉宝宝："你的玩具给哥哥玩玩好吗？因为你的玩具比较好，大家都想玩，你也可以玩哥哥的玩具，你们一起玩好吗？"当孩子有新的玩具玩，而不是将玩具给别人自己却没得玩，一般都会高兴地同意。这时，我们要紧紧跟上有针对性的表扬："宝宝真是个大方的孩子。你把玩具给大家玩，大家都会喜欢你的，你真是个乐于分享的好宝宝。"

当孩子想玩别人的玩具时，要告诉他："那让哥哥玩玩你的好吗？你们换着玩。本来你只有一个玩具，当跟大家分享之后，你就可以有很多其他玩具玩。"让宝宝知道，就像他喜欢别人的玩具一样，别人如果也喜欢他的玩具，那也要让别人玩。喜欢分享的小朋友才是好宝宝。

应该注意的是，任何习惯的养成都不是独立的，在习惯养成的过程中，大人一定要注意自己的引导方式。

> 我家楼下的宝宝叫好好，快三岁了。奶奶为了让宝宝收拾玩具，经常会说："快点快点，你那个姐姐来了，赶紧把玩具藏起来，要不她来了就玩你的。"边说边把玩具收到盒子里。在这种行为的暗示之下，好好本来在客厅玩得挺开心的，但只要家里来人，她就赶紧把玩具收到盒子里，拖着盒子往屋里走，要把玩具藏起来。我问："好好，你这是做什么呢？"她说："姐姐来了，姐姐来了。"

好好奶奶为了让宝宝养成收拾玩具的好习惯，却在无意间给了孩子一个错误的暗示：不能让别人玩你的玩具。这样在养成分享习惯时，肯定要比别的孩子困难很多。这样的情况还有很多，比如，为了让孩子多吃一口饭，大人会经常说："快吃快吃，不然哥哥来抢你的你就没得吃了。"这样一些不经意的语言暗示，很容易使得孩子不愿意分享。所以，在宝宝良好习惯的养成过程中，家长一定要注意从正面引导孩子，用正能量去促成孩子好习惯的养成，不能为了养成一个好习惯，反而形成了另一个坏习惯。

营造分享的氛围

营造分享的氛围，让宝宝体验分享的快乐。家长要为孩子创设充满"分享"的环境。孩子身边所有的人、物、事件、情绪，统统构成他的成长环境。当环境中充满了分享的意识、情绪、行为，孩子的"分享"意识也会从心底发生。

要营造分享的家庭氛围，食物全家人一起享用，避免孩子独占。吃东西的时候，要告诉宝宝，家里有爷爷、奶奶、爸爸、妈妈，要把东西分享给大家吃，这样才是乖宝宝。大人在吃的时候也要想着先给宝宝：你看，我有东西的时候分给你吃，那你有东西的时候也要分给大家吃啊。不要觉得宝宝喜欢就都留给他，因为分享可以使快乐加倍，而独享则可能会养成宝宝独占的习惯。

我带过一个宝宝，孩子吃饭很好，但宝宝奶奶在孩子吃饭的时候很爱出些花样，常常会说："哎哟，宝宝吃饭好香啊，奶奶也吃！"装作跟孩子抢饭吃。可当孩子真的给她吃时，她却又拒绝了："孩子真乖，奶奶不吃，你吃吧。"我说："不行，孩子，先给奶奶吃，有奶奶和爸爸妈妈吃的，才有宝宝吃的呢。"奶奶又说："我真不吃。我还差孩子那一口饭吗？"我说："你知道吗？这不是你吃不吃的事，而是如果你要了却又不吃，会影响宝宝分享习惯的养成。"

我为什么会有这样的坚持？因为以前刚带宝宝的时候我有过这样的"惨痛"经历：

> 我带的第三个宝宝是快三岁的萱萱。家长很注意宝宝分享习惯的培养，在萱萱吃东西的时候，家长就会跟她要东西吃。萱萱每次都给，可是家长并不真的吃，只是假装地吃两口，并表扬萱萱。送了一圈，东西一点没少，还赚了很多表扬。慢慢地，萱萱很愿意把自己的东西分享给别人，既能得到表扬，自己的好吃的还一点没少。我们都很高兴，萱萱很爱分享，萱萱的分享习惯很好了。
>
> 但其实不然。有一次，妈妈同事带小朋友来家里玩，萱萱很自觉地将自己爱吃的动物饼干分给大家。妈妈同事很羡慕地说："李姐，你真会教育孩子，你看看萱萱多懂事啊。"这边还没说完呢，那边萱萱却嚷嚷开了："你怎么吃了我的饼干！"我们一看，原来妈妈同事家的小朋友把萱萱给的饼干吃了。萱萱妈妈说："你分给大家不就是让大家吃的吗？"萱萱立马委屈地说道："可是以前分给你们，你们都不吃我才分的。"

这样看来，在营造分享的家庭氛围时，作为家长，千万不要"忽悠"孩子。孩子分给你好吃的你就吃掉，一边吃一边夸赞味道好，并感谢孩子的慷慨；孩子跟你分享好玩的你就玩起来，并感谢孩子的分享，把你高兴的情绪传递给孩子。这对孩子分享意识的建立会起到积极的、正面的作用，因为孩子会从你快乐的表情中体会到分享的价值。这样孩子才会从内心感受到分享是一种快乐的行为，并真正爱上它。

多数家庭培养孩子分享的意识往往是从与家人分享食物开始的。除了家庭分享氛围的营造，家长也要多带孩子走出家庭，融入社会。比如，多带孩子走亲访友，让孩子在他人家中体验分享别人东西的快乐，从而引导孩子学会与小朋友分享玩具、图书，或者是将他的好故事、有趣的体验告诉小朋友，同时他也会享受到由此带来的回馈，体会到分享带来的快乐。

给宝宝树立分享的榜样

父母是宝宝最好的榜样

宝宝学会分享的最好方式就是模仿。模仿是宝宝的天性，爸爸、妈妈是宝宝模仿的重要对象。日常生活中爸爸、妈妈对待生活、对待周围的人的态度都会对宝宝产生影响。所以，在分享习惯的养成过程中，爸爸、妈妈要给宝宝树立起分享的榜样。榜样的作用往往比说教更容易被宝宝接受，比讲道理更能让宝宝记忆深刻。

家庭是学习分享的好环境。父母做出好榜样，孩子会看在眼里，记在心里，表现在行为上。可以尝试和宝宝分享食物，让宝宝戴妈妈的围巾、发卡、帽子，穿爸爸的鞋子、戴爸爸的手套等。当然也要让宝宝拿一些东西出来与大家分享，如一起玩他的玩具，一起看他的故事书，让他在这一过程中学会和家人分享。来客人时，妈妈可以把最好吃的食品和客人分享，热情地招待客人；出去玩的时候，妈妈可以跟小朋友打招呼："小朋友你好，我们做好朋友好不好？我有个很好玩

的玩具，我们一起玩好不好？"以自己的行为做表率、做示范，孩子很容易耳濡目染，进而学会与其他小伙伴分享自己的玩具、食品等，养成分享的好习惯。

等孩子大一点，当他拉着你的手让你去看蚂蚁搬家时，不要因为没兴趣而不去，因为分享不只限于吃的、喝的、玩的，更能让宝宝体会分享快乐的是情感分享。所以，妈妈平时可以有意识地把自己看到听到的好玩的、有意义的事讲给孩子听，和他一起快乐，一起忧伤，让宝宝在潜移默化中体会到情感的分享。慢慢地，孩子也学会把自己或快乐或难过的事情讲给别人听，让大家一起分享他当时的情绪，这样的分享可以使宝宝更加热爱生活。

通过故事树立分享的榜样

通过故事的形式，让宝宝学会分享也是个不错的方法。可以给宝宝讲讲孔融让梨的故事，讲完后在家里营造出孔融让梨的分享氛围，让孩子体验到自己的行为带给家人的快乐；也可以给宝宝讲一些关于小动物或小宝宝因分享而得到快乐的故事，都会使宝宝潜移默化地受到影响。当遇到问题时，我们可以说："遇到这种情况，想想故事中的主人公是如何分享的呢？"宝宝一下就会想起来，接着就会仿效故事中的分享行为去做。

肯定和激励宝宝与人分享的行为

爸爸、妈妈在日常生活中，要善于发现宝宝表现出的分享行为，并及时给予正面强化和反馈，帮助宝宝能够在各种情况下不断自觉地产生分享的动机和行为。爸爸、妈妈引导的话语、赞许的目光、微笑的面容、亲切的回应等，都能使宝宝受到极大的鼓舞，从而进一步强化宝宝的分享行为。

我看护的喜宝，很喜欢和别人分享。每当和别人分享之后都喜欢跑过来告诉妈妈。有一次，喜宝和可可分享了他的"面包超人"花洒，很兴奋地跑进书房告诉妈妈。妈妈正忙着赶稿子，头也没抬地淡淡说了句："喜宝最棒了。"就不再理会。我看喜宝兴高采烈地跑进书房，垂头丧气地出来，得知事情原委的我连忙问："是吗？那可可也喜欢你的花洒吗？""当然了！"喜宝立马来了精神。"那可可会玩吗？"我又问。"我教他了。"喜宝自豪地说。我笑着看着他说："喜宝真棒！你让可可玩，可可高兴吗？你舍得让他玩吗？"喜宝很大气地说："玩一下又玩不坏，怕什么？"我用赞许的目光看着他："喜宝真大方，小朋友肯定都喜欢和你玩。"喜宝跟小大人似的说："嗯！要跟别人分享才是好宝宝。"

　　父母在肯定和表扬宝宝的分享行为时，要注意语气与方式，否则会有反效果。及时、热情、到位的表扬才会产生激励宝宝的效果，或夸张，或淡漠，都会让宝宝的喜悦减掉大半，当宝宝主动和妈妈分享时，妈妈最好能停下手上的工作，仔细地听宝宝分享过程，或者问他几个问题，针对具体情况的表扬会让宝宝的骄傲感倍增，快乐更真实。

宝宝不肯分享怎么办

我是小气鬼！

　　我照看过一个叫毛毛的宝宝，两岁多。一天我刚到毛毛家，就看到毛毛坐在沙发上边哭边喊："我的——我的——都是我的！妈妈坏！"毛毛妈妈则一脸怒气地瞪着毛毛："你怎么这么不懂事？原来不是很大方的吗？你穿着都小了，给妹妹怎么啦？怎么最近这么小气？"妈妈一说，毛毛哭得更大声了，依旧喊着："我的——我的——"我看到毛毛怀里搂着一堆玩具和衣服，大概明白怎么回事了。赶紧先去安抚她说："毛毛，怎么啦？毛毛不是勇敢的宝宝吗？怎么哭得这么厉害？"毛毛一看我来了，赶紧把东西都堆到我手里："阿姨拿着，拿着。"我一边拿着，一边示意妈妈不要再说话，对毛毛说："好，阿姨给毛毛拿好了，都是毛毛的，毛毛不哭了，好不好。"毛毛这才缓过劲来，拉着我回到她的房间。

　　等毛毛安静下来玩别的去了，我才从妈妈那了解到：原来，妈妈想收拾一些毛毛穿小了的衣服和玩具送给比毛毛小一岁的表妹。可毛毛知道后就上来抢，讲了半天道理也不管用，所以就出现了刚才的那一幕。妈妈很困惑，以前妹妹来了，毛毛都会主动给这给

那，这些衣服和玩具自己根本没法再用，为什么不愿意给妹妹？妈妈还告诉我，是最近毛毛才变得这样的。像前两天，妈妈开车拉着毛毛和同事及同事家的孩子一起出去玩。在路上，不知怎的，毛毛突然就非不让同事和同事家的孩子坐车了，说这是我妈妈的车，不给你们坐，搞得场面非常尴尬。妈妈特别不明白：自己非常注意毛毛分享意识的培养，而且毛毛在这方面一直做得很好，怎么女儿大了反而不懂事了？

👍 月嫂支招

其实，毛毛的这种行为在许多三岁左右孩子的身上都发生过，有的孩子宁可把玩具摔坏也不肯给别的小朋友玩。有些家长看到自己的孩子不愿意与小伙伴分享玩具时，就会给孩子贴上"自私"的标签。宝宝的"独占"行为，并不一定代表他是个自私的孩子。相反，出现"独占"意识往往是宝宝成长的一个关键时期。一岁半到三岁的宝宝，正处于自我中心反抗期，逐渐明确和建立自我意识，特别明显的标志就是把所有属于自己的物品都贴上一个无形的"所有权"标签。这个时期的宝宝对"借"与"还"的概念还不明确，觉得东西一旦离开手边，就意味着失去；有的宝宝甚至还不能把自己和周围环境区分开来，会认为"别人的也是我的"，所以这时的宝宝经常会出现争抢玩具、不喜欢跟别人分享自己的东西等在大人看来很"自私"、"蛮不讲理"的行为。但是父母要知道，这个时期的宝宝所呈现的这一面都是极为正常的现象，甚至是通往"分享"的必经之路。对孩子的"所有权"概念，大人应该明确支持，应当尽力保护孩子"所有权"意识的建立和发展，孩子只有确认了什么属于自己之后，才能逐渐意识到什么是他人的，把自己跟其他人的物品分开，才会让孩子明白分享的意义。

了解了宝宝特殊阶段不主动分享的原因后，爸爸、妈妈要注意：

不要强迫宝宝分享

强迫宝宝与小朋友分享他的一切对宝宝来说也是一种伤害，所以大人不要强迫宝宝分享。在宝宝成长的过程中，自我意识总是比他们的慷慨来得更早，这是宝宝发育的必然过程。如果家长强迫宝宝分享，只会让宝宝对家长及分享他东西的伙伴产生怨恨，内心产生更多不安全感，而且并不会因此变得更慷慨，反而会变得小气。

因势利导让宝宝热爱分享

虽然这个时期的宝宝正处于"所有权"意识比较强的时候，但家长也要针对形形色色的情况，因势利导地让宝宝爱上分享。

像上述案例中毛毛的这种行为，妈妈不用感到烦恼，可以带毛毛在屋里走走，对她说："我们来看看哪些是毛毛的东西？"当孩子对着某样物品嚷着"我的，我的"的时候，家长可以从旁肯定，但同时也要告诉她一些道理："对，这些是你的东西，以后再发生早上这种情况，要慢慢说，不可以尖叫，妈妈不喜欢随便喊叫的宝宝，那样的宝宝一点也不漂亮、不可爱。"在肯定了宝宝的所有权后，妈妈要处理宝宝的东西，就需要经过宝宝的同意。像毛毛妈妈要把毛毛的一些东西送给表妹，完全可以提前跟毛毛商量："你看，妈妈有个提议，这些漂亮的衣服和玩具你现在穿不下、玩不了了，放在这里多可惜，我们送给表妹好吗？"如果毛毛答应了，妈妈要及时地肯定和表扬她的做法："毛毛真棒！这是毛毛自己决定的，妹妹穿上这么漂亮的衣服肯定会非常高兴。你这样做，妈妈为你骄傲！谢谢你！"让她感受到分享是一件快乐的事。如果不答应，妈妈也要尊重孩子的决定，告诉孩子："这是你的东西，你有权决定不给，妈妈尊重你的决定。"以后再找机会慢慢引导孩子。

这样，渐渐地，孩子就会走出以自我为中心的阴影，同时也获得了自尊和安全感。

为宝宝分享提供物质保障

卷卷是属于"所有权"意识强烈期间表现比较好的孩子。有好几次，小朋友来家里玩，卷卷都会打开自己装满零食的抽屉，请小朋友自己挑选喜欢吃的东西。我觉得卷卷能够分享这点做得非常好，就当着卷卷的面告诉妈妈，希望妈妈也表扬她，让她能够将分享持续下去。妈妈非常高兴地表扬了卷卷，卷卷很开心，那一天一直唱着歌。

私底下，卷卷妈妈给我讲了件有趣的事。前两天，卷卷满两岁十个月，妈妈带卷卷第一次在肯德基吃薯条，吃的时候，妈妈故意和卷卷抢着吃。薯条多时，卷卷没有任何反应。当只剩下最后四根时，卷卷看看妈妈，然后一次性把四根都拿走了，握在小手里，用另一只小手一根一根地抽出来吃。妈妈问："你不给妈妈留一点儿吗？"卷卷摇摇头说："不给。"

原来，卷卷能够做到分享的前提是可分享的东西足够多，如果分享后自己没有了，她也是不会同意分享的。其实这也是人之常情，非常时期非常对待。我觉得，在"所有权"意识很强的期间，大人要宝宝分享，可以为宝宝提供充足的可供分享的东西。

建立宝宝"朋友圈"，让宝宝体会分享的快乐

分享意识的建立是一个漫长的过程，需要在反复的互换活动中逐渐体会到分享的快乐。而现在，绝大多数孩子都是独生子女，没有同龄小伙伴，不管什么东西，包括吃的、穿的、用的、玩的，都是他一个人的，因此，"什么都是我的"正是他的理解。要改善这一状况，让宝宝学会分享，体会到分享的快乐，关键要靠大人。大人要有意识地给孩子建立"朋

友圈"，创造机会让他和别的小朋友一起玩。比如，假日里带孩子到亲友家去玩，跟有孩子的同事和朋友定期聚会等。让宝宝带着自己的玩具，一旦发现孩子愿意拿出玩具来和小朋友一块玩，应该及时表扬，让他知道这是好行为，次数多了，孩子不仅愿意拿出玩具和大家玩，而且会很高兴。要注意的是，分享的时候，家长要表现出大方的态度，不要让孩子感到妈妈怕把玩具玩坏了，舍不得拿出玩具来给小朋友玩，这个年龄的孩子已经很敏感，大人的态度会给他暗示并对他产生影响。

父母守则

父母要正视宝宝不爱分享的行为，不要强迫宝宝。分享习惯的养成，不是要求宝宝做到什么，而是要看父母怎么做，言传身教地给宝宝做好表率。

宝宝不愿意跟别人玩怎么办

我只想自己玩！

　　我的一个客户曾打电话给我说："我家小孩现在两岁了，原来认生过一段时间，现在不认生了，但是不喜欢和别的小朋友一起玩。有的小孩主动和他玩，他不理人家，如果有人从他手里抢玩具，也就抢走了，他一点反应都没有。还有一次，他拿了一个玩具娃娃，别的小孩想要，他就直接给人家了。而且我这小孩胆子还有点小，有一次去外面玩，本来我俩聊得很好，可碰见了同事的孩子，他就一下子不说话了。这种情况怎么办？"

这个问题困扰着很多父母，其实造成这一问题的原因很多。

首先，大环境的问题。现在多是独生子女家庭，孩子个个都是掌上明珠，许多家庭采取"圈养式"，加上独门独户的封闭式"蜗居"成了城市居住环境的主体，孩子可能连对门的邻居都不认识，表兄妹、堂兄妹也很少，缺少与人交往的大环境。

其次，大人造成的。一开始，大人工作忙或者对孩子过于保护，排斥自己的孩子跟别的孩子玩；不让宝宝跟别人交换玩具，怕不卫生；不吃别人给的东西，怕受传染；出于安全考虑，不许宝宝轻易和别人打招呼……由于长期失去与人交往的机会，孩子显得很胆怯，所以面对陌生人时态度就不自然，更不会主动找小朋友玩耍。

第三，家庭环境导致的。喜欢自己玩的孩子的父母，可以自问一下，你是否喜欢跟朋友一起玩呢？如果父母都整天宅在家里，怎么能要求孩子跟别的小朋友玩呢？宝宝缺乏环境的暗示，不知道除了家长，还可以怎样和小朋友玩。

有关孩子自己玩的问题，只要不是自闭，其实父母不用太担心。孩子的性格是多种多样的，有的孩子更愿意与别的孩子一起玩，我们称之为社交型的；有的孩子比较喜欢独自玩，我们称之为非社交型的。这两种孩子都是正常的。当然，对不太爱和小朋友们玩的孩子，我们还是应该想办法让他和别的小朋友多接触，增加与同伴交往的意识和能力，长大了才能更好地适应社会。

要想让宝宝有良好的社交能力，家长首先要注意自己的行为，大人的言传身教时刻影响着宝宝。我们一直在说，孩子的性格遗传自父母，可是我更相信家庭氛围造就孩子的性格。所以爸爸、妈妈，请把你们活泼外向、热情大方、善于交友的一面展现给宝宝。相信时间久了，宝宝

一定会从你们的身上得到
启发，让你们看到可喜的
变化。

　　其次，为宝宝创造社
交条件。大人要为宝宝提
供和小朋友交往的条件，
让宝宝走出家庭这个狭小
的空间，比如带宝宝到社
区活动中心玩，傍晚带宝宝一同散步，周末带宝宝去郊外或游乐场玩。
去这些场所的时候，父母要主动和别的小朋友打招呼，这期间不必强调
宝宝也要参与，只要自然地领宝宝过去一起玩就好。

　　如果宝宝就是不愿和别的小朋友玩，大人可以把朋友家年龄相近、
性格活泼的宝宝请到家里来，让宝宝待在自己家这个熟悉的、占主动的
环境里跟小朋友玩。玩得开心了，再换环境，出去找小朋友玩。

　　现在的家长为了让孩子学会与人相处，摆脱独自成长的劣势，很多
时候都挖空心思帮孩子营造氛围，比如上早教班、参加亲子活动、组织
宝宝派对；邀请别的小朋友到家中做客或带宝宝到小朋友家玩；天气好
的日子，约好朋友一起带宝宝们到附近的公园游玩、晒太阳，共同分享
玩具和食物。经常让孩子们在一起玩，可以帮助他们摆脱自私、冷漠，
学会互助和分享，成为宝宝尽快融入群体并与之和谐相处的法宝。

　　再次，放手让孩子自由玩耍。这点对性格内向的宝宝尤为重要。不
应禁止孩子去玩沙土，玩泥巴，踩雨后的积水，爬石子堆、黄沙堆等，
不要怕脏，在保证安全的前提下让宝宝尽情地玩。这样无拘无束地玩，
会使孩子的性格开朗起来。所以，爸爸、妈妈们，放开你们的顾虑，不
要太紧张孩子间的打闹，他们可以在一分钟前打架，也会在一分钟后拥
抱欢笑，不要以眼前"吃亏"与否来衡量宝宝结交朋友的价值，只要没
有伤害身体，父母完全可以做个理性的观众。

　　在无知的孩子面前，父母是第一任老师。要想让孩子成为一个成功的外交家，就要释放孩子的天性，将活泼外向、热情大方、乐于分享、善于交友的一面展现给宝宝。身教重于言传，只要家长做得好，孩子也会做得很好。

07

礼貌篇

我的热情好像一把火

如何培养宝宝良好的
礼貌习惯

礼貌是全人类的语言，礼貌既是一种品质特征，更是拉近自己和他人的桥梁和纽带。礼貌对孩子的成长非常重要，他会因此拥有谦虚的品质，会因此拥有迷人的魅力，会因此得到朋友的尊重和喜爱。所以父母们要从小培养孩子讲礼貌的好习惯。学会礼貌待人并非一蹴而就，而是一个潜移默化的过程。怎样才能培养出一个人见人爱的懂礼貌的孩子呢？

让孩子学会打招呼

很多观点认为，一两岁的宝宝才能开口说话，才能听得懂一些道理，所以宝宝讲礼貌的好习惯要从这时开始培养。但是我认为，3个月的宝宝两眼便会跟踪动的东西，能区分大人讲话的语气，温柔好听的声音会让宝宝微笑，甚至有晃动手脚等表示高兴的积极反应。所以，宝宝基本的礼貌行为从3个月时就可以培养了。

礼貌的培养越早越好。3个月甚至更早时，爸爸、妈妈就可以对宝宝进行微笑礼貌培养了。爸爸、妈妈最好经常逗宝宝"笑一笑"，鼓励宝宝多在家人面前、熟人面前笑，让宝宝知道微笑是向人表示友好的一种方式，微笑也是一种礼貌。

这时候也可以有意识地对宝宝进行礼貌用语的熏陶。比如，早上爸爸、妈妈上班时，可以抱着宝宝到门口，拿着宝宝的小手跟爸爸、妈妈再见，并告诉宝宝："爸爸、妈妈要上班了，跟爸爸、妈妈再见吧。"爸爸、妈妈回来或者家里来客人时，抱着宝宝到门口迎接，并告诉宝宝："爸爸、妈妈回来了，要跟爸爸、妈妈打招呼。""阿姨来了，要问阿姨好。"虽然此时宝宝还不会说话，而且记忆力非常短暂，但只要不断地重复再重复，让宝宝很早就对礼貌的言谈有了感受，那么等到他六七个月大时，就能听懂大人的语言，七八个月时就知道摇着小手跟人再见了。

在玩的时候，还可以让宝宝和看到的花花草草打招呼，和玩具、书打招呼，从小培养有礼貌的好习惯，让宝宝有一个意识：我看到了，就要去打招呼。

我看护过一个宝宝，每天风来了，小树摇晃，我就告诉他，小树在跟你打招呼，你也跟它打个招呼吧。宝宝就去摸了摸树。第二天没有风，我们又走到小树旁时，宝宝"嗯嗯"，我知道，他的意思是小树没有打招呼，我说那咱们先跟小树打招呼吧。宝宝自己去摇晃树枝，然后再摸摸树枝，开心得不得了。

宝宝从小养成了这种习

惯，看到陌生人也会主动打招呼。一岁多的时候，他看见年纪大的陌生人，就会"爷爷、爷爷"地叫，很多时候对方也会过来跟宝宝打个招呼。但如果遇到对方没反应，我就赶紧给宝宝说："爷爷没听见，下次你大点声。"这样便不会令宝宝有挫败感，下次还是会主动打招呼。

在养成宝宝跟别人打招呼的习惯中，家长一定要注意：孩子跟你打招呼的时候，一定要回应孩子。不然，孩子的自尊心就会受到伤害，下次可能就胆怯了。当宝宝牙牙学语时，模仿能力很强，父母可通过亲身示范的方法，教会孩子懂礼貌，达到事半功倍的效果。得到别人的帮助或夸奖，教宝宝两手作揖说"谢谢"；带宝宝外出，见到认识的人，教宝宝说"叔叔好，阿姨好"……宝宝会发现，礼貌可以换来他人亲切的对待，从而更加主动地与人交往。当然，爸爸、妈妈也要及时附和，肯定宝宝"有礼貌、真乖"，这种积极的回应是对孩子最好的鼓励。久而久之，宝宝见了熟人就会自觉地打招呼了。如果宝宝对陌生人也主动问好，父母一定要夸他做得好，是个受人欢迎的孩子。

培养孩子礼貌说话，礼貌做事

等宝宝再大一些，一岁半到三岁的时候，虽然不是什么都懂，但是开始有一些自己的习惯和主张了。此时应该开始让孩子懂得遵守规则，要让他明白什么是能做的，什么是不能做的，要做到有礼貌地做事。比如，吃饭的时候坐着吃，不要站在椅子上，不能乱扔食物；玩的时候能够和小朋

友分享玩具，懂得谦让；公共场所不大声吵闹；做错了事，主动承认错误，知错就改；礼貌待人、遇事不乱发脾气，等等。宝宝可能还不懂什么是知错能改、礼貌待人等抽象概念，但只要父母以身作则，做好孩子的榜样，并利用故事和生活中的场景适时加以教育和引导，孩子自然能够遵循正确的做法，逐渐养成说话、做事有礼貌的好习惯。

　　我看护的七七两岁时，有一次正在走廊上兴高采烈地搭积木，我一不留神，把她搭好的"高楼大厦"碰倒了。没等她反应过来，我连忙说："宝宝，阿姨不小心碰倒了你的积木，对不起！"紧接着表扬她没有哭鼻子，然后说："你看，走廊可不是搭玩具的好地方，差点让阿姨摔跟头了，宝宝应该和阿姨说'对不起'，知道吗？"

　　看着孩子似懂非懂，却又认真地跟我说"对不起"时，我意识到这样趁热打铁的教育方式还是很奏效的。当然，在宝宝跟我道歉后，我很高兴地表扬了他："七七，好样的，知错能改，真的很棒。"七七听了非常高兴，又继续堆积木了。

　　爸爸、妈妈如果做错了事情，应当坦诚地向孩子道歉，这样既可以弥补过失，又为孩子树立了知错就改的好榜样。孩子有样学样，多次之后，自然知道什么时候该说"对不起"，知道知错就改。平等的氛围有利于孩子心理的健康发展。

　　爸爸、妈妈也要有意识地给宝宝礼貌待人创造环境和机会。有些父母为了不让孩子打扰来访的客人，一般都会把孩子打发到一边去，让他们自己玩。这样做也许能够获得一时的安静，但是却可能影响到孩子的社交能力。而这一不经意的举动，也伤害了孩子幼小的自尊心。久而久之，家里一来客人，他就会自动躲到旁边去。父母要试着让孩子学会以主人身份招待客人，注重礼貌待客。如有亲友来访，要说"请进"；见了亲友按称谓主动亲切问好；拿出点心、水果等热情地招待客人，不能显出不高兴的样子或独自去吃；当大人谈话时，小孩不应随便插话；小客人来了，应主动拿出玩具与小客人一起玩；共同进餐的人未入席前不得动餐具自己先吃；客人离开时要说"再见"并欢迎客人再来。如果宝宝这些做得很好，要及时表扬宝宝，激发孩子坚持这一做法，持之以恒，养成良好的习惯。

虽然爸爸、妈妈已经告诉宝宝什么该做，什么不该做，什么是有礼貌的行为，什么是应该避免的不礼貌的行为，但是宝宝的自觉性毕竟有限，家长不要期望孩子在没有帮助、引导的情况下形成良好的礼貌习惯，要允许孩子有偶然破例和反复的情况。出现这种情况，爸爸、妈妈要做的就是及时制止宝宝不礼貌的行为并重申文明礼貌的规则，加深孩子的印象。比如，孩子早上起来，说："妈妈，水！"这时，应该告诉他这样说："妈妈，给我拿杯水好吗？"当他并不想这样说的时候，给他解释多遍为什么要这样说，并告诉他你希望他这样说，这样说对家庭和社会都有好处。结果第二天早晨，他通常会自发地说出你想听到的话。时时处处严格要求，时间长了，孩子自然而然就形成了文明礼貌的良好习惯。

宝宝不愿和人打招呼怎么办

不要和陌生人说话！

　　我带过一个宝宝，两岁三个月。一看见陌生人，孩子就哭，有时还边哭边说："打你，打你。"姥姥就说："我们孩子胆小，见到陌生人就哭。"陌生的地方宝宝也不愿去，出去玩只去那几个有限的地方，一去别的地方就哭，孩子一哭，姥姥就说："哦，宝宝不愿去。咱不去，咱不去那个地方，宝宝别哭了。"

　　妈妈急得不行，不知如何是好。越是这种情况，大人越不要肯定孩子的行为。"我们孩子胆小，见到陌生人就哭。""宝宝不愿去咱不去。"大人提前把话说到这了，孩子就觉得："哦，姥姥也这么认为，我这么做是对的。"无形中给了孩子错误的心理暗示。

　　我建议，尝试着先带宝宝去一个陌生地方，人不是很多，先不说要去这个地方，只强调这个地方真好玩、真美，如果有宝宝比较熟悉的小伙伴，可以约着一起去，这样可以减轻孩子对那个地方的陌生感，宝宝不会排斥得那么厉害。当然不能希望宝宝第一次去就不哭，很可能会哭上两三次，但是只要每次哭的状况有好转，就坚持带他去。慢慢地他就接受那个地方了，然后再试着换别的环境。

对人也是这样。远远地看见陌生人，家长就要引导宝宝："那是叔叔，我们去打个招呼好不好？他会非常高兴的，会非常非常喜欢你的。"不要奢求宝宝上来就会打招呼，先多接触，多看，多试探。接触多了，他自然就不会抵触陌生人，打招呼也就成为自然而然的事了。

月嫂支招

宝宝6个月大的时候就能分辨父母、家人和陌生人。当他处在陌生的环境，面对陌生人或遇上没有经历过的事物时，往往会不知所措。如果宝宝的性格比较内向、害羞或胆小，又没有父母的引导，一般会通过哭泣和躲避来发泄自己害羞的情绪。

如果宝宝一直很有礼貌，在父母的提醒下能够打招呼，但到了一岁半，尤其是两岁左右，突然不爱叫人了，那父母也不用太担心，宝宝不想叫人，不要强迫他。因为孩子一岁半到两岁左右，处于第一叛逆期。宝宝会说话以后，有了主动意识，开始说"不"，比如说，你要抱着他去一个地方，可是他想去另一个地方，这时候他就会挣着身子，往他想去的那个方向。这时候，宝宝的逆反期就开始了。在带孩子的过程中，发现了这种萌芽就要通过转移注意力，正确地引导他。在这一过程中，父母的言传身教是非常重要的。不爱叫人的孩子，是否其父母本身就不爱与人打招呼呢？所以，孩子到了第一叛逆期时，要求爸爸、妈妈一定要注意自己的言行，用自己的表现做好正确的示范。

如果宝宝从小见到陌生人就害怕，不愿去陌生的地方，到了两岁多仍然如此，那么家长就要引起注意。虽然害羞、胆小不是太大的问题，但长久发展下去，就会妨碍孩子正常社会交往的发展。时间长了，孩子会表现出内向、沉默、胆小、缺乏自信、没有主见等性格，所以爸爸、妈妈应该鼓励孩子跨过这道影响人际交往的鸿沟。

父母要注意自己的言行

当宝宝还在父母怀里的时候，父母就要注意自己的言行，不要影响到宝宝对陌生人的认知。孩子认生、不喜欢陌生人，很多情况源自父母的暗示。比如遇到邻居的时候，孩子跟这个人没有交流，他不知道这个人是男是女、是好是坏，但是他发现妈妈看到这个人时眉头紧了，就会本能地向妈妈怀里藏，因为妈妈的面部表情告诉他这个人很不安全。这就是大人用语言、面部表情还有肢体动作造成了宝宝的认生。等宝宝大一些，如果见到陌生人害怕甚至哭闹，或者不愿在陌生人面前说话，大人一定不要当着宝宝面说："这孩子胆小！""这孩子害羞！"这样的暗示无疑是肯定了宝宝逃避的做法，让宝宝认为：我以后遇到这样的情况都可以用哭或者不说话的方式来逃避。

不要勉强宝宝与人打招呼

不要认为孩子小就能够掌控在你的手里，其实他们有自己的个性，甚至有些叛逆。比如，有客人来家里，孩子躲着不肯与人打招呼时，家长就拉着孩子，强迫孩子向客人问好，结果会以孩子大哭而告终，这样非但达不到目的，还会产生反作用，所以应针对孩子的心理特点和性格特点因势利导。如孩子不肯向人问好时，可采用事后交谈的方式，心平气和地讲解一些作为小主人待人接物的道理，更要避免孩子产生逆反心理。

不论孩子的表现如何，父母的态度是很重要的，对孩子树立自信心有极大的帮助。如果孩子有好的表现时，别忘了适时给予表扬和鼓励，以增强其自信心。

不要让陌生人突然接近宝宝

对于性格内向、害羞以及胆小的宝宝，要避免陌生人的突然靠近，避免孩子受到惊吓。在宝宝接触陌生人之前，先给他一些适应的时间。比如，如果家里要来客人，大人要在客人到来之前使宝宝有心理准备，告诉宝宝谁要来了，客人和爸爸、妈妈是什么关系，和宝宝是什么关系；告诉宝宝客人很喜欢宝宝并引导宝宝跟客人打招呼。平时出去玩的时候，大人也可以有意识地锻炼宝宝的胆量，远远地看见陌生人，要告诉他那些人分别是谁。如果他们走近了，可以鼓励宝宝跟他们打招呼，接触多了，他自然就不会害怕陌生人了。

创造接近陌生人的机会

如果觉得孩子胆小、害羞就一直让孩子呆在家中，对宝宝是非常不利的。平时爸爸、妈妈要多创造宝宝接近陌生人的机会，锻炼孩子的胆量，引导孩子和其他人礼貌交往。

刚开始的时候，爸爸、妈妈可以给宝宝讲故事，绘声绘色地讲述故事中的小动物、小朋友遇到陌生人时的表现，引导孩子模仿。宝宝妈妈也可以拿一些宝宝喜欢的玩具陪宝宝玩角色扮演的游戏。比如，大卡车第一次遇到小汽车，大卡车就主动跟小汽车打招呼，说"你

好"。通过游戏，启发宝宝更快地适应陌生环境，帮助宝宝建立与人相处的自信。

爸爸、妈妈也可以带宝宝去礼貌习惯比较好的小朋友家玩，让宝宝看看小哥哥、小姐姐是怎么招待自己的；邀请性格开朗的宝宝到家里做客，带动宝宝，教会宝宝如何有礼貌地接待小朋友。

爸爸、妈妈还要鼓励宝宝多进行户外运动，多和小朋友们一起玩。当然，对于害羞、胆小的宝宝，一开始可以先找有礼貌的小朋友陪伴，让他引领宝宝逐步适应陌生环境，用良好的礼貌行为潜移默化地影响宝宝，最终让宝宝养成自己的好习惯。

父母守则

帮助孩子克服害羞心理，培养好的礼貌习惯，最重要的一点是要有耐心，耐心理解，耐心帮助，循序渐进。孩子在父母的引导、帮助下，一定能变得热情、大方、有礼貌。

宝宝说脏话怎么办

原来这是脏话！

　　以前一向很乖的宝宝，最近竟然开始说"脏话"了。不论是吃饭、玩游戏，还是与大人、小朋友们在一起，时不时就来一句不耐烦的"脏话"，令我们倍感尴尬。面对这种情况，家长究竟应该怎么应对才能既不伤害孩子的自尊心，又能有效解决问题呢？

　　我照看过一个叫可乐宝的女宝宝，爸爸是军人，一直没陪在宝宝身边，所以妈妈每年休假都会带可乐宝去爸爸单位住一个月。

　　可乐宝两岁七个月时又去爸爸单位住了一个月。回来后，有一次我叫可乐宝吃饭，看到她没洗手，我说："可乐宝，你的小勺说你的手好脏啊，它不想让你拿着它。你是不是没洗手啊？"结果可乐宝回了我一句："放你娘的屁。"我愣了一会儿，又说："大拇哥，二拇弟，三四小妹，五姐姐，可乐宝忘记洗我们了，走吧，可乐宝，我们给它们洗澡去。"可乐宝看我没什么反应，又一听给手指头洗澡，立马跟上来了。

过后，我问可乐宝妈妈："宝宝怎么说了这么一句话？"妈妈一脸兴奋地告诉我一件事。一天晚上，爸爸、妈妈边看电视边讨论养孩子的费用问题，可乐宝就在旁边玩玩具，爸爸、妈妈也没在意。当爸爸说："儿孙自有儿孙福，我们把孩子养大，就不要操那么多心了，小女孩不用准备什么嫁妆，自己能挣多少是多少，我们该享受自己的生活了。"刚说完这话，可乐宝很应景地说了声："放你娘的屁。"再扭头一看，可乐宝躺在垫子上，翘着二郎腿，一本正经地看着她爸。给我讲完，妈妈笑着说："你说这小孩，她知道这句话的意思吗？说得还很应景。"我忙问："可乐宝说完，你怎么做的？""我和她爸爸哈哈大笑！"妈妈到现在还脱离不了那兴奋的情绪，看我一脸担心地看着她，说："不过，放心，我告诉她了，这是脏话，特别不礼貌，小姑娘不能说这样的话，不然不漂亮了。后来我问她在哪儿学的，她说是楼下玩的时候听别人说的。"

妈妈接着说："后来家里来了客人，我觉得好玩就讲给人家听。当时可乐宝也在场，客人还问可乐宝知道那是什么意思吗。"我说："你想让你这么漂亮的女儿说那么不礼貌的话吗？""当然不想了！"妈妈立马回答我。我说："宝宝听了脏话，她没有意识这是脏话不能说，就像刚学了个新词儿一样，很想说给别人听听。你虽然告诉她这是不对的，但是你重复了，而且是高兴地重复着，宝宝就会觉得她说得很好，原来这个词能够逗大家笑。本来对这个词没什么感觉的她反而因为你的行为记住了这个词，不容易改了。以后可乐宝再说这样的话，要么选择漠视，要么就严肃地告诉她'不能讲脏话'。"妈妈连忙点头答应了。

孩子为什么会说脏话呢？首先要考虑是不是大人的问题，看看孩子周围是不是有人经常说脏话。如果有，在这种环境的耳濡目染之下，孩子也就学会了所谓的脏话。对于两三岁的孩子来说，说脏话，只是一种模仿性行为，我认为这个时候孩子可能并不知道脏话的危害性，他可能只是觉得好玩，再加上大人没有及时制止，所以他们就会放肆地说脏话。所以大人不要忽视对宝宝说脏话的纠正，千万不要觉得只是宝宝觉得好玩而已，过一阵没有新鲜感就好了。因为随着宝宝的长大，开始上幼儿园，有了是非观念，说脏话就不是单纯的模仿性行为了，也许变成了有目的地说脏话，甚至成了坏习惯。因此，这个时候一定要把小事当成大事来处理，及时制止孩子说脏话的行为，严厉地告诉他说脏话的危害，让孩子明白说脏话是不对的。只要大人能及时制止和引导，这种"危机"是容易解决的。

营造绿色家庭环境

宝宝说脏话，大部分和家庭氛围有关系。所以家里一定要营造一种良好的语言环境，家中的每个人说话都要杜绝脏话，给孩子一个纯净的环境，把可能对宝宝造成不良影响的信息有效地过滤掉。

宝宝就是一张干净的白纸，家长为他勾勒什么样的线条，他就会画出什么样的图画。想要宝宝不说脏话，就要为宝宝提供一个没有脏话的绿色家庭环境。宝宝听不见这样的话，自然也就不会说。如果宝宝开始说脏话了，大人也不要过度担心和在意，很多都是宝宝无意识的行为，可能他只是完全地从外界接受感知到的信息，根本不知道什么意思，只是在模仿大人。所以，要改变这一习惯，作为家长真的需要好好反省一下了。你不想你的孩子爆粗口，那首先就得注意自己的言行，宝宝没有了说脏话的环境，自然就会逐渐淡忘这些词。

漠视宝宝的脏话

虽然父母给宝宝提供了绿色语言环境，家里没有人说脏话，但通过电视、电影等媒质，还是可能接触到不文明用语的。在这种情况下宝宝学回来的脏话，爸爸、妈妈要学会漠视。听见他说脏话了，家长不要强调这个词，既不重复也不制止，就当没听见，忽略掉。同时引领宝宝干别的事，转移宝宝的注意力，慢慢他就淡忘了，自然也会忽略掉。千万不要重复，越重复记忆越深。

听见宝宝说脏话，不能像可乐宝妈妈一样觉得宝宝说脏话特别好玩，特别可爱，而给了宝宝错误的引导让她觉得她这么说妈妈很高兴、很开心，那么宝宝会很满意自己制造的效果，还会继续下去。当然，更不能反应过激。有的家长听到宝宝说脏话，往往反应过于强烈："你说什么？谁教你说的？再说就打你！"孩子这时可能更来劲，因为他觉得你发火的样子很夸张，很好玩，好像他有了发动你情绪的"法宝"，只要他想逗乐，就说句脏话让你发火，看你的"表演"。所以，我们在听到孩子说脏话时，要冷静，装作没听见，孩子发现没有人关注便会感觉无趣，也就不会再说了。

适当的惩罚是必要的

如果漠视了宝宝说脏话，宝宝还是继续如此，父母就要正视这个问题了。我觉得两岁以上的孩子都有分辨是非的能力，

听得懂道理。父母首先要告诉宝宝这些话是不好的，是对别人的不礼貌、不尊重，要做一个好孩子，是不应该这样的。宝宝是非常会察言观色的，他会敏感地从你的眼神、表情和语言中捕捉到信息：这句话是不可以说的！因此，这个方法在一开始还是容易奏效的。

　　而对于已形成说脏话这种不良习惯的孩子，家长更应该正确指引。在他说脏话时，做个不喜欢的表示，比如摇头，用手指在嘴边比划一下，表明你的态度和观点。有时还要给他一点小惩罚，比如，告诉他："妈妈、爸爸都不喜欢说脏话的孩子！"孩子最怕爸爸、妈妈不喜欢。也可以让他罚站一小会儿，不许说话，不许动，去反省自己的错误。当然，一旦做了惩罚宝宝的决定，无论如何都要坚持，不能因宝宝的哀求或其他任何原因而轻易放弃原则。总之，要让他意识到脏话是不能说的，否则自己就要承担后果。

🌸 **父母守则**

　　一个孩子在成长的过程中难免会接触到一些不良的信息，做父母的就要不停地为他扫除一切不利因素。同时父母也要时刻注意自己的言行，想要宝宝有礼貌，父母首先要杜绝自己的不礼貌行为。

宝宝爱打人怎么办

我不是天生爱打人！

　　一岁多的宝宝偶尔会用拳头和牙齿跟父母或者是小朋友"交流"，引起许多家长的烦恼。其实，孩子出现攻击性的行为很正常，每个孩子都会经历这个时期。如果孩子出现这种行为时没有得到正确地引导的话，可能会养成爱打人的坏习惯。"该怎么纠正宝宝爱打人的坏习惯呢？我们打他、骂他、夸他……什么方法都试过了，他就是喜欢打人怎么办呀？"很多爸爸、妈妈尝试过各种方法来纠正孩子的打人行为，但都收效甚微。想要解决这个问题，就要知道你的孩子为什么打人，然后对症下药，才能药到病除。

情况一：我害怕，我打人！

　　我照看过一个宝宝叫凯文，是个非常聪明的小男孩儿，当时一岁三个月大，见到叔叔阿姨很有礼貌。但凯文有个非常大的问题，就是爱动手打人，不管他想做什么就必须去做，谁阻止他他就打谁。附近的小朋友都被他打过，全都不敢靠近他。凯文妈妈对这种情况感到很着急，却也无计可施。每次凯文打了人，凯文妈妈就拉起他的手狠狠打几下，对他说："叫你再打

人，如果你再打人，妈妈就打你！"

通过几天的观察，我发现凯文是个非常敏感的孩子，并不任性，还算讲道理，于是我对凯文妈妈说："宝宝打人是一种自我保护现象，凯文太敏感，总害怕别人伤害自己，又不懂得如何保护自己，于是就主动去攻击别人了，你千万不要再打孩子了，本来他打人就是不对的，你再打他，他就会认为自己做对了。我们应该想办法去改善这种情况。"

很多宝宝打人，是因为内心太过敏感。看一看一岁宝宝的生活世界，你就会发现，他们每一天都在努力掌握各种新的技能，遇到他们不熟悉的各种情形，乐观坚强的宝宝可能会坦然面对，但是内心敏感的宝宝因为缺乏安全感，就会害怕事情不如己意，害怕别人伤害自己，又不懂得如何保护自己，于是就去主动攻击别人。这种缺乏安全感的外在表现形式就是：当宝宝语言表达能力差，自己的想法、要求说不清楚，别人没有照做而导致情绪不好，就会打人。当宝宝自我意识开始萌发，事事都是"我"字当头时，凡是不合我意的，我都不要、不干，就动手"排除"，这个排除的形式就是打。

宝宝由于内心敏感、缺乏安全感而打人时，父母一定注意切不可采用"以暴制暴"的方式解决问题。本来宝宝就是害怕受伤害才打人的，如果父母再打他，他就会认为自己不打人可能受到的伤害更大，就会坚定地认为自己做对了，父母再怎么要求宝宝不要打人也不会有效果了。这种情况下，可以采用转移注意力的方式。比如，宝宝要打人时，赶紧拿起他的小手："宝宝是要给我看看你漂亮的小手吗？来，我们来数数有几个手指头？"或者顺势揽过宝宝的手来做游戏："宝宝是要和妈妈玩拍手的游戏吗？来，你拍一，我拍一……"

当然转移注意力的办法，只是减少了宝宝打人的机会，并没有从源头上改掉打人的坏习惯。宝宝打人是缺乏安全感的表现，要改掉这个毛病，就要给宝宝足够的安全感。比如，每次宝宝忍不住想打人时，父母可以抱紧他，然后拿起宝宝的小手，配合着转移注意力，教宝宝学会表达。平时玩耍的时候，也要多跟宝宝交谈，让他学会用语言表达自己的意愿，耐心地对宝宝说："不要急，慢慢说。"如果宝宝说话不多，就教他用手来表达，也可以对宝宝说："你是要这个吗？哦！妈妈明白了。"尽量使宝宝的愿望得到表达，缓解他不安、焦躁的情绪。

情景二：喜欢你才打你！

　　我照看过的涛涛，最喜欢奶奶，也最喜欢"欺负"奶奶。奶奶一把他抱在怀里，他的小腿一蹬，面对面地看着奶奶，两个小手就"噼里啪啦"地开始打。我想阻止，奶奶却笑得跟花儿似的，说："孩子喜欢我。没事，就让他打吧。"还边说边贴过脸去。

　　我认为，奶奶这样做是对涛涛的误导，等于变相地告诉涛涛：喜欢我就打我吧。这是非常危险的，因为长此以往，涛涛可能就会养成打人的坏习惯。所以，我告诉涛涛："你喜欢奶奶，就去轻轻地摸摸奶奶的脸，不要用力，你看，这是奶奶的脸，这是奶奶的眼睛，这是奶奶的鼻子……"开始时，涛涛听话地摸着，中间又想要打几下子。我连忙说："涛涛喜欢奶奶就亲亲奶奶，也让奶奶亲亲你就行了。"慢慢地，涛涛就学会用亲来表达他对奶奶的喜欢了。

　　涛涛这种情况是不知道怎么去发泄情绪，爱也打，恨也打，表达的方式有误。对于一两岁的宝宝来说，打人只是一种试探和情绪反应，类似玩

闹这样的行为，大部分是高兴情绪的表达。很多宝宝，他一开始看到你，可能有想和你亲近的感觉，但是不知道怎么表达，就高兴地过来打了你一巴掌，用一种"打着你玩"的心理去试探你的反应，等着看下面将发生什么事情。对他们来说，打人是无意识的反应。这时候大人的反应就尤为重要，既不能纵容他，甚至开心地享受这别样的可爱之处，也不能说"你怎么又打我"、"你别打人"。就像上面的案例，涛涛喜欢奶奶，选了打奶奶这样的表达方式，奶奶兴高采烈的回应误导了宝宝，让宝宝觉得他的这种表达方式是对的，就会把这个习惯延续下去。所以，在宝宝第一次打人的时候，家长就要做出正确的引导，教给他怎么发泄和表达自己的情绪，告诉他："你是喜欢我吗？你要摸摸我吗？我的脸可软了，你摸摸试试。"并拿过他的手，轻轻摸摸你的脸；"哦，你很高兴，那我们来拍拍手，来抱一抱。"还可以通过唱儿歌等各种方式分散他的注意力，转移宝宝的情绪，一步步让他的表达方式近于平缓。

注意不要说"你怎么又打我"、"你别打人"之类的话。把握一个原则：不强化、不重复宝宝的错误和缺点。宝宝打了人，别在他面前重复，别当着他的面说这件事，漠视孩子的缺点，"此处无声胜有声"。可以通过一个眼神告诉他：你这么做是不对的，或者去分散他的注意力。大人的重复其实是在强化宝宝对打人的记忆。

如果是一岁半或更大的宝宝打人的话，就直接告诉他不许打人。一岁半之前可以通过转移注意力的方式缓和他的情绪表达，一岁半之后，他什么都懂了，父母可以就事说事。孩子犯了错，立马告诉他，让他有对错的观念，知道什么事能做，什么事不能做。

有一次，我给宝宝刷牙，他咬了我一下后看着我笑。我把他的手指放到他嘴里说："你咬一下试试。"结果他真的咬了一下，眼里立马含着泪喊"疼"。我说："疼就不要咬人了。"宝宝就再也没咬过人了。家长可以通过语言引导，告诉宝宝，你要是这样做的话，就太棒了！要及时地告诉他怎样去转变。

156

如果孩子快三岁了，用说服的方法不见效果，可以采用"身体约束法"：立即让孩子坐下并面对着你，抓住孩子的手臂和肩，大约1分钟后松开，并告诉孩子错在什么地方。连续一星期使用这种约束法，就能纠正孩子的不良行为。家长切忌体罚孩子，最好的办法是"冷处理"——把任性的宝宝"晾"在一边，告诉他爸爸、妈妈很爱他，但必须等他意识到错误之后再和他说话。

父母守则

　　孩子个性千差万别，打人的原因也各有不同。父母要根据自己孩子的年龄和性格特点，找出原因，"对症下药"，以有效地纠正宝宝打人这一不礼貌的行为。

08

性格篇
我的情商很高的

如何培养宝宝的责任感

虽然爸爸、妈妈都知道良好的性格品质是宝宝成长最积极的因素，但看到宝宝推卸责任、乱发脾气时，很多父母都这样安慰自己——"天性使然"："我的孩子生下来就胆子小"，"他从小就是个急脾气"。

人的很多性情在很小的时候就初见端倪了，俗话说"三岁看大，七岁看老"，婴幼儿时期性格的完善与否直接影响甚至决定着宝宝一生的发展。如果爸爸、妈妈放任宝宝的不良性格发展，对宝宝今后的生活将十分不利。在宝宝性格的养成方面，爸爸、妈妈一定要采取积极的态度，坚信除了遗传因素，环境对宝宝性格的完善也起着极其重要的作用。因此，爸爸、妈妈从小就要培养宝宝完善的性格，及时纠正宝宝不良习惯，为孩子的一生打下良好基础。

"责任感"对0~3岁宝宝的成长来说，是一种特殊的营养剂，有助于宝宝摆脱以自我为中心，养成良好的自理能力，帮助宝宝成长。培养责任感就是要让宝宝从小就对自己负责、对自己的事情负责、对自己的个人物品负责，从而使宝宝学会对父母、对他人、对社会负起责任。

那么该如何培养宝宝的责任感呢？就是要从小处着手，从宝宝的日常生活的训练开始。

对自己负责：自己的事情自己做

培养宝宝的责任感就是让他有责任心，先学会关心自己，对自己负责。要求孩子无论做什么事情的时候，首先要保证自身的安全，让自己不要受到伤害，然后才是自己的事情自己做。这一点是非常重要的，只有先对自己负责，才会去对他人负责，慢慢地对集体和社会负责，养成负责任的好习惯。

尤其在宝宝摔倒的问题上，一定要培养孩子的责任感。一般宝宝摔倒或是磕碰了，大人都会先把宝宝抱起来，照着地或桌椅跺两脚，说"打它，打它"。其实这样做是错误的，不利于宝宝责任感的培养。正确的做法应该是告诉宝宝：慢慢地，先学会走，再尝试跑，不然会摔倒，很危险。如果宝宝不听，家长完全可以让他尝试一下，如果摔倒摔疼了，趁机提醒孩子：是不是你走得太快了或走得不稳，没有注意看路呢？宝宝就知道：哦，妈妈说的对，这样很危险，我得保证自己不摔倒的前提下再跑。从而让他学会对自己负责。先找出自身的问题，再从错误中摸索出正确的方法。

在对自己负责的前提下，养成宝宝自己的事情自己做的好习惯，从小培养宝宝的责任心。两三岁的孩子已经有了初步的"独立意识"，会有"摆脱"父母独立做一些事情的想法，做事的积极性也很高。父母要抓住孩子的这个特点，训练他自己脱衣服或鞋袜，并放到固定位置。让孩子知道天冷穿衣、天热脱衣，进门脱衣、出门穿衣，是需要自己决定的事。

　　在这个习惯养成过程中，父母应有正确的态度：比如当宝宝和家长一起吃饭时，即便吃得满地饭菜渣也别"干涉"，这样他会明白自己拥有和大人一样的能力，能自己解决自己的事。再如宝宝收拾玩具特别慢，有时候会越弄越糟，大人也要坚持引导孩子自己收拾玩具。要知道父母态度的坚决，是培养宝宝责任感的关键。

对长辈负责：学会关心别人

　　我照看过的宝宝涛涛，有一次令我十分感动。记得那天我肚子疼得厉害，抱不动他了，就把他放在小车里，坐在凳子上看着他。孩子姥姥在沙发上躺着玩手机，都没注意。涛涛在小车里看着我，然后伸出手来摸摸我，一直给我擦汗。平时根本在小车里坐不住的他那天可老实了，一点也不调皮。后来，孩子姥姥发觉没有动静，过来一看，我脸蜡黄蜡黄的，涛涛正摸我的脸，姥姥说："哎呦，我还不如个孩子！"

　　其实，孩子就是一张白纸，单纯得很，你对他好，他就对你好。所以，家长可以通过对宝宝的种种关心，言传身教地引导宝宝，潜移默化

中宝宝自然也知道怎么去关心别人了。

父母在日常生活中随时都可以引导宝宝如何尊重、关心、回报长辈。比如教宝宝将食物先分给爷爷、奶奶；父母下班回家，宝宝要主动问候，让宝宝体会一声问候、一个亲吻，都能给别人带来无限的快乐；妈妈肚子疼，可以请宝宝来帮忙揉揉，并告诉他因为宝宝的关心，妈妈舒服多了，这时宝宝就会明白他对妈妈的关爱是多么重要。再比如妈妈做家务时，鼓励宝宝帮忙做些力所能及的事情，即使洗菜浪费了水，剥蒜让我们等好久，倒水时打碎了杯子都没关系，这份勤快与努力正是宝宝体验自我价值和培养未来担当的好机会。当宝宝得到他人的称赞时，应告诉宝宝懂得感谢，这些看似微小的事情，无不传递给宝宝人与人之间需要彼此回报的信息。心中有爱，关心他人，善待他人，正是培养孩子对社会的责任心的基础。

在这个过程中，父母要树立正确的态度：当宝宝关心你、帮助你做一些力所能及的事时，不要过于苛求结果，要好好享受宝宝的努力付出，这有利于宝宝关心意识的形成，使宝宝养成自觉自愿关心、回报长辈的习惯。

对家庭负责：做些简单的家务活

孩子是家庭的一分子，参与家务是他的责任之一。所以，妈妈要培养宝宝对家庭负责的意识，大胆地交给宝宝"任务"。比如，当爸爸外出时为他拿鞋子，让孩子有参与感；帮妈妈摘菜、擦桌子、摆餐具；照顾爷爷、奶奶；自己倒垃圾、洗手帕等。完成任务之后，家长要多给宝宝正面评价，那么他的自

豪感就会被激发出来，让他在情绪上有满足的体验，将劳动看作一种责任。如果宝宝经常接受"任务"，并能从中获得心理上的满足，其责任感就在潜移默化的过程中形成，并且还会逐步发展为对集体、对社会负责。

父母要逐步教孩子自己的事情自己做。做之前提出要求，鼓励孩子认真完成。如果孩子遇到困难，家长可在语言上给予指导，但是一定不要包办代替，让孩子有机会把事情独立做完。

让孩子承担后果

当孩子犯了错误时，家长一定要让孩子承担自己的责任。比如弄坏了别人的东西，要亲自道歉，而不是由父母代替，同时让孩子自己想办法补救，承担造成的损失，让孩子明白，自己犯了错误就应该自己负责。对孩子勇于承担后果的行为，过后家长要给予充分肯定。

子杰是我从月子里就照看的。从小我就教他自己的事情自己做，做事要懂得承担后果。比如，宝宝学会走路了，偶尔会摔跤，我就提醒他："你别摔着砸疼地板。"要让孩子知道，如果摔倒了，不光自己疼，地板也疼，因为自己的不负责任，连累了地板。让他学会承担责任，下次他就会慢慢地走。如果摔倒了，子杰会先看看地："哦，地板没事。"然后才起来拍拍手接着走，在做事承担责任这方面做得很好。

子杰一岁五个月的时候，有次吃晚饭，他端着一碗稀饭想让我喂他，可没有端稳，"啪"地一声，碗摔了。孩子喊了声："哎呦！"第一反应就是从茶几上拿了个塑料袋，要自己去把碗捡起来。我一

看，赶紧过去捡，宝宝也跟着小心翼翼地捡。捡完之后，地上还有饭，他又去拿了个扫帚扫，边扫边说："哎呦，费。"那意思是"食物浪费了"。

宝宝是非常聪明的，有举一反三的能力。一开始父母一定要告诉宝宝该怎么做，让宝宝通过指令能够自己很好地完成一件事，并为自己的行为负责。比如，不小心把书扯破了，就找透明胶粘起来，即使粘得歪歪扭扭也值得鼓励；不小心打碎了水杯，就和妈妈一起收拾残局；没有收好玩具，就得承担到时候找不到玩具的烦恼。从小事开始，让孩子懂得什么是自己的事，让他知道对自己某些行为造成的不良后果要想办法补救。

要让孩子成长，就需要给孩子自己解决麻烦的机会，父母不要为了迅速解决麻烦而帮忙寻找解决方案。

宝宝爱乱扔玩具怎么办

乱扔玩具？奶奶教我的！

我照看过的宝宝涛涛，曾经发生过这样一件事。有一次我一进门，发现客厅满地的玩具，我就问在门口迎接我的涛涛："玩具怎么都在地下躺着呢？"涛涛低头看，笑着不说话。"是谁乱扔的玩具？"我又问。涛涛指了指奶奶："奶奶扔。"奶奶笑着说："你这孩子，不是你自己扔的吗？"涛涛却依然指着奶奶："奶奶扔，奶奶扔。"

我拉着涛涛来到玩具旁，对他说："玩具们昨天晚上没睡好，咱们把它们送回自己的房间好不好？"涛涛听话地跟在我后面，捡起玩具扔到箱子里。我夸奖他："涛涛真好，玩具们可喜欢涛涛了，因为涛涛把他们送回家了。如果涛涛也被扔在地上没有回房间睡觉，是不是也很难受啊？"涛涛抬头看着我，想了一会儿，认真地说："不要。"我说："那以后你玩完玩具，要送玩具回家好不好？"涛涛很乖地答应了。

如果你的宝宝遇到问题推卸责任，如果你的宝宝不会主动收拾自己的玩具，那么针对这种情况，父母一定要让孩子明确知道这些都是自己的事情，自己的事情必须自己做。最基本的一条就是：玩完玩具要收好。规矩一旦定立就不能打破，玩具就由宝宝来收，宝宝不收，妈妈也不收，到时候宝宝就要承担找不到玩具的后果。如果宝宝找不到玩具哭闹，妈妈可以冷处理，告诉宝宝："妈妈是爱你的，但是妈妈不喜欢无理取闹的宝宝。如果你想要玩具，就自己去找，下次记得不要再乱扔。"等宝宝自己去找玩具了，或者安静下来不哭了，妈妈可以再次重申："玩完玩具要收好，这样下次想玩的时候很容易就找到了。"这个习惯的养成可能伴随着上述情况的不断重复，不要紧，不断重复的结果就是让宝宝知道：自己的事情自己做，进而形成习惯。

其次，父母要反躬自省，看看自己是不是在这方面做得到位。在宝宝眼里，父母的一切言谈举止都是最标准、最美好的，有强烈的模仿欲望：无论好坏都照单全收。相信大家在电视荧屏上都看过这样一个镜头：当看到妈妈打来一盆热水，帮奶奶洗脚时，宝宝也颤颤巍巍端来一盆水，对妈妈说："妈妈，洗脚。"可见，父母的言行对宝宝的影响是在无意识中产生的，其作用也最直接、最深刻、最持久。所以，想要宝宝有责任感，做事有条有理，敢于担当，父母首先就要做到，尽量规避自己的缺点和不良习惯出现在宝宝的眼前。

除了身教，还有言传。言传我们前面讲了好多了，这里就强调一点：当你教给宝宝该怎么做一件事的时候，一开始就要教准确，如果教了错误的，想改过来非常困难。我举个例子，一两岁的宝宝脱袜

阳光小贴士

教宝宝做一件事情的时候，先告诉他，等到他转过头来看着你，注意力集中时再教给他怎么做。

子基本都是拽着脚尖往下揪。其实父母当初教授时并不是这样："宝宝我教给你脱袜子，伸出一个手指头来放到袜筒里，褪到脚后跟，然后揪下来。"那为什么到了宝宝那就成了直接拽着袜尖往下揪了？要知道当宝宝小的时候，听到声音反映到大脑，再到眼睛看过来是不同步的。当宝宝听到你的话，反映到大脑，再来看你的动作时，你已经做到揪袜子这一步了，前面的那几步他都没看到，才会造成如上结果。所以，教宝宝的时候，一定声音先到，等引起他的注意力，回过头来看你的时候，再告诉他怎么做好你想教他的事情。

第三，长辈不能无条件地溺爱孩子。

现在的宝宝基本上都是独生子女，在家中被尊为"小皇帝"、"小公主"，饭来张口，衣来伸手，养成了依赖性强、责任感差等坏习惯。要知道一个好习惯的养成需要上百遍甚至上千遍的练习、重复，而坏习惯的养成可能只需要一次。反正玩具会有人收的，干嘛要累着孩子？袜子、鞋子扔哪不是扔，为什么非得摆到鞋架上？殊不知，虽然这些看似微不足道，却是培养责任感的大问题，而责任感又关系着今后宝宝的学习生活、为人处事。所以，不能由于自己对孩子的溺爱，就放弃原则，这会让宝宝无所适从，分不清自己到底怎样做是对的。如果真的爱宝宝，就要让宝宝自己的事情自己做，自己的困难自己想办法解决，从小培养宝宝的责任心。

我能控制我的情绪

　　自制力，就是自我控制的能力，简单地说就是在没有外界监督的情况下，一种控制自己情绪、支配自己行为的能力。很多家长都抱怨自己的宝宝不如意就乱发脾气、不喜欢遵守规则、碰到困难就轻言放弃、有着无穷无尽的无理要求等，这其实多是由于宝宝缺乏自制力引起的。0~3岁的宝宝中枢神经系统尚未发育成熟，传递的神经行为容易泛化、不准确，因而自制力较弱。虽然如此，对宝宝的自制力，父母不能消极地等待它自然增强，而是要积极地尽早培养。那么应该如何培养宝宝的自制力呢？

0~1岁的宝宝

不停地重复

0~1岁的宝宝虽然年龄小，不会表达，但是已经能听懂话，看明白表

情，不要小看了宝宝，他除了不会说，什么都懂。这时候，父母就要建立一套"家规"，告诉宝宝哪些可以做，哪些不可以做。

当然一岁前的宝宝还不能判断和评价自己行为的适宜度，即不理解为什么要这么做，为什么不能那么做。所以，父母在这一阶段不要抱有太大的希望，只要引导宝宝，不停地告诉他哪些可以做、哪些不可以做就好，让宝宝粗略地懂得"要这样做"、"不要那样做"，在潜意识中记着它，习惯成自然。

延迟满足

这个时期有个培养宝宝自制力很好的契机就是宝宝的大哭，尤其是前6个月的宝宝，很多时候的大哭，都是因为喝水、喂奶等不及时。比如想喝水了，有的宝宝使劲哭，有的只是"哼哼"两声。其实宝宝本来的习性都是一样的，只不过因为养成的习惯不一样，脾气控制能力不同。

遇到爱哭的宝宝，家长就要提升他的自我控制意识，通过语言沟通，告诉宝宝：妈妈知道你的需求了，但是你得等一会，给妈妈一点准备的时间。延迟满足宝宝的需要，提高宝宝控制情绪的能力，让宝宝学会忍耐。

1~2岁的宝宝

明确规则

这时候的宝宝开始经历他们人生中"第一个叛逆期"，常常和各种行为规范产生激烈的冲突。当宝宝出现不恰当的行为时，父母如何反应很重要。如果父母反应强烈、情绪化，会让宝宝很有成就感，日后还会故伎重施。父母要保持冷静，及时打断宝宝，尽量用简单、平和以及清晰的话告诉宝宝之所以不能这么做的原因，让宝宝了解到这些行为是不合理的、不受欢迎的，宝宝才能逐步产生抑制不良行为的能力。父母态度要一致，认真执行，不能朝令夕改，否则将使宝宝无所适从。一开始规矩不要太多，否则会压抑孩子的探索性。开始宝宝可能不理解某种做法的道理，只是单纯地反应，慢慢就会形成对某种事物的自制力。比如，在宝宝一岁之前，父母不准宝宝玩火柴，当宝宝拿起火柴时，父母只是说不能玩，很危险。慢慢地再告诉他火柴可能引起失火，玩火非常危险的道理，这样宝宝再看见火柴就不拿了，自制力得到提升。

榜样的力量

这一年龄段宝宝的模仿能力特别强，一些父母本身脾气就比较火爆，在父母的影响下，宝宝自然也就会变得缺乏耐心、脾气暴躁。所以，父母要注意自己的行为模式，尤其是在紧急情况下对自我情绪的控制方式，给宝宝树立一个良好的榜样。要宝宝做到的事情父母自己先做到，并能手把手地教宝宝该怎么做，这样宝宝进步才会快。比如，告诉宝宝："妈妈找不到钥匙了，虽然很着急，但让我们深呼吸，放松心情，一起来找找看。"这样克制情绪、有效处理危机的方式，日后会成为宝宝效仿的一个模式。

转移注意力

这一年龄段宝宝的哭闹很可能只是发泄情绪，要他们停止哭闹有个绝招：转移宝宝注意力。让宝宝思维跳转，关注到别的东西或者话语上来。宝宝大哭不止时，家长可以换一种方式跟孩子交流，比如对他说："宝贝，你哭得真漂亮，怎么比笑还漂亮呢，坚持着啊，我拿手机给你拍张照片，太漂亮了，你千万别笑哦。"你一说让他别笑，他反而立刻停止哭泣，笑得嘎嘎的。为什么？因为你分散了他的注意力，他忘记了刚才生气的事情，只想跟你对着干：你不让我笑，我非笑不行！你说"哎哟，你怎么不哭了呢，我还没照呢"，他却在那哈哈的："我就不哭了，我就不哭了！"所以说，跟孩子交流，一定要掌握他的心理，这是非常重要的。

当宝宝情绪稳定下来后，再理智地解决问题。首先认可宝宝的感受，然后告诉他如何采取更恰当的方式来处理问题。

及时的表扬

这一年龄段的宝宝尤其在乎父母对自己的赞许，如果宝宝在自制力方面做得比较好或者比以前有了进步，父母就要给孩子及时的肯定和表扬："你真的长大了，坚持下去，爸爸、妈妈为你骄傲！"父母的表扬和赞许，会激发宝宝将好习惯持续保持下去。

2~3岁的宝宝

2~3岁的宝宝，独立性开始增长，同时，随着认知能力和语言能力的发展，已经能够理解"等一等"的含义了，但因为他们自我调节能力有限且不习惯大人的延迟满足的策略，所以遇到需要等待的情况时经常会表现出不耐烦的情绪。另外，由于一些事情超出了宝宝的表达能力，会出现推打伙伴、争抢玩具和大声哭闹等情况。这一阶段，父母培养宝宝自制力的关注点就要集中于此。

可以合理地宣泄

培养宝宝自制力不代表要压抑宝宝的情绪。我经常看到这样的情景：宝宝受了委屈，伤心地痛哭，父母会说："好宝宝都是坚强的，都不哭。"这样就使他们的情绪被压制了，而不是靠自己自觉地控制住了。其实，这种情况下，父母不要急着跟宝宝讲道理，也不要粗暴地制止宝宝的哭闹，可以引导宝宝，让宝宝选择合理的方式将不良的情绪宣泄出来。比如可以告诉宝宝，除了大哭，还可以通过运动或告诉妈妈的方式来宣泄，更可以通过在纸上乱画、大声唱歌等方式发泄出来。排解了不良情绪，才能更好地控制情绪。

让宝宝学会等待

学会等待也是提升宝宝自制力的一个有效办法。但是对还没有建立时间概念的宝宝来说，要他理解"等5分钟"是比较困难的。家长可以准备一个会响的定时器或者沙漏，这样会更形象，使宝宝对时间有个概念，不会因为不知道到底要等多久而烦躁不安。当然，为了增加宝宝等待的自觉性，父母可以给宝宝一定的选择权。比如，刷牙时是刷两分钟还是三分钟等。拥有一定自主权，会让宝宝觉得自己是有能力做到自我控制的，等待更有信心。

阳光小贴士

孩子3岁时的注意力集中时间为5～7分钟；4岁时的注意力集中时间为15分钟；5岁时的注意力的集中时间为20分钟；6岁时可以达到25分钟；7岁时可以超过30分钟。

父母在训练孩子自控能力的过程中，还要注意幼儿的注意力表现规律，结合自己宝宝的特点选择合适的等待时长。

奖励，为自制力的培养提供动力

这个阶段的宝宝对物质已经有了一定的要求，父母可以利用宝宝的这一需求来作为提升自制力的手段。比如，宝宝今天没有发脾气，奖励一颗小星星；宝宝今天安安静静地玩了15分钟的游戏，也奖励一颗小星星；宝宝今天和小朋友抢玩具，打了小朋友，扣一颗小星星……10颗小星星换1颗小月亮，10颗月亮可以换1个宝宝想要的玩具。

但父母要注意，物质上的奖励不要过于频繁，可以在精神上多鼓励、赞赏宝宝。父母的奖励，不管是精神上还是物质上的，都是宝宝坚持的动力。

玩在有意，学在无形

要培养宝宝的自制力，就要找到宝宝的兴趣点来引导他，这样，宝宝就能在玩的过程中变得更有耐心与自制力。通常，对于2~3岁的宝宝，父母可以和他们比赛拼简单的拼图，或者玩哨兵角色扮演游戏，跌倒了不许哭，不许随意走动，再胆小或调皮的孩子也可以完成得很好。这样不仅能增进亲子之间的感情，对培养孩子的自制力与耐心也更有效。

宝宝自制力家庭自测

（2~3岁宝宝适用）

你家宝宝的自制力到底是强是弱呢？你当然可以像科学家一样测试一下宝宝的"棉花糖反应"（不过这个比较适合陌生人来操作），或者试试以下的测试吧！在每项中选择出符合你家宝宝的选项：

	多数时候是	一半一半	多数时候不是
虽然有时会不开心，但是如果大人认真讲道理，还是能够控制自己的情绪	5	3	1
做事很在意他人的看法，容易受别人评价的影响	1	3	5
高兴起来疯疯癫癫	1	3	5
想要做的事、想要得到的东西，马上要满足，一刻也等不得	1	3	5
遇到困难，第一反应是向大人求助	1	3	5
不容易被骗，比较坚持自己的想法	5	3	1
常因看电视、玩玩具太高兴而不能按时睡觉	1	3	5
下决心第二天做某件事，但到了第二天劲头又消失了	1	3	5
总分			

计算一下选中项目的总分，看看符合下面哪一项：

28分~40分

恭喜！你家宝宝有比较强的自制力。

18分~27分

你家宝宝的自制力属于中等，相信稍加辅导和鼓励，宝宝就会建立起持之以恒的恒心。

8分~17分

你家宝宝的自制力处于弱势，建议早日进行家庭指导，培养宝宝的持久力。

宝宝哭闹要东西怎么办

我要，我要，快买给我！

一位家长给我打电话，说了一件宝宝让他哭笑不得的事。

奇奇两岁多的时候跟爸爸、妈妈逛商场，走到玩具区时，怎么也迈不动步了。玩了一会后，爸爸、妈妈对奇奇说："咱们走吧，买点好吃的去爷爷家了。"可是奇奇玩得兴起，不想走，对手里拿着的大铲车爱不释手，说："妈妈给我买这个车吧。"妈妈觉得家里已经有许多类似的大铲车了，再买是浪费，更重要的一点是要让宝宝知道不能依自己的性子随便买东西，所以没有同意。这边奇奇也是不依不饶，任妈妈怎么讲道理都不听。先甩着手哭，后又坐地上蹬着腿哭。妈妈看到奇奇变本加厉，也生气了："你自己慢慢哭吧，我和爸爸要走了。"

奇奇妈妈属于比较有原则的，说不买就不买，于是拉着爸爸躲在一旁，看奇奇哭到什么时候。奇奇并不理会，仍然嚎啕大哭，引来了许多人的围观。

结果呢？好心人找来了警察。妈妈一看警察来了，赶紧出去领奇奇，但是奇奇却来了句："他们不是我爸妈。"结果父母被警察当人贩子审问了半天。最后还是爸爸想起来钱包里有宝宝一周岁时一家三口的合影，才算洗清了"嫌疑"。

不会克制自己的欲望是宝宝的通病。而对孩子百依百顺或者本想和孩子"斗智斗勇"却经不住宝宝哭闹，三分钟就败下阵来，乖乖满足孩子的要求是很多父母的做法。有的父母认为宝宝小，不懂事，没必要对其要求太高。但是要知道，宝宝采取哭闹的策略要求父母满足自己的愿望，一旦成功一次，便会成为他们百试不爽的武器。事实上，家长对于孩子这种有求必应的行为剥夺了孩子锻炼自我控制能力的机会。若让宝宝从小养成等不得的性格，长大后是很难改变的。所以，父母要及时纠正宝宝的这一坏习惯。

给宝宝物质满足感

从小宝宝想要什么，只要是合理的，就提前满足他，不要等到他闹。当然这并不意味着无条件的满足。父母很容易预知到自己的孩子对什么东西感兴趣，可以提前准备好，作为礼物，等孩子表现好就奖励他。宝宝获得奖励的过程既是一种等待，也是一种惊喜："不知道妈妈这次会奖励我什么，但一定是我喜欢的，我只需要好好表现，就一定能够得到！"这实际上是一种变相的"延迟满足"，只不过奖励的东西不是宝宝自己提出来的，而是家长通过细心观察为宝宝准备的，更激发了宝宝等待的热情。

一般这样的宝宝在外边很少会要东西，因为他知道家里会有的。他存在一种满足感，到商场里看到喜欢的东西仅是好奇："我要看一看，当我表现好的时候，妈妈就会奖励给我。"从而不会有亲自去买这个东西的想法。

避免宝宝对钱的概念太深刻

在宝宝还不是很懂买东西的时候，不要当着孩子的面用钱买东西。否则他就会有种认知：我看到的东西都可以用钱去买，没有任何理由。不要让宝宝有这种认知，不然当宝宝想要东西的时候，你要是不给他买，他就跟你闹。很多家长会觉得脸上无光，买就买了吧，这次闹一下你满足了他，那下一次他就会变本加厉，一次比一次哭闹的时间长。

转移宝宝注意力

父母要清楚地知道自己宝宝哭闹的爆发点在哪里，什么情况下会发脾气，在宝宝快要哭闹之前，抢先进行安抚或转移注意力。

宝宝在商场里哭闹，和大人的处理不当有很大的关系。对于小一点的宝宝规避这种情况的有效方式应该是尽量不要让他看到喜欢的东西；对大一点的宝宝，可以先在家约法三章。如果这些预防措施都失效，在宝宝吵闹着要买东西之前，就要先分散他的注意力，比如可以马上问他："我们等一下吃苹果好吗？妈妈帮你削成兔子耳朵的形状。"或者告诉他："那边还有一个更好玩的东西呢，我们去看看好吗？"指给宝宝另一个新奇的东西，宝宝被吸引，从而

忘记这个事，也就不会哭闹了。

我曾遇到这样一件事：一天我在商场看到一个快三岁的宝宝，可能只是好奇，拿起东西来看看，购买欲望不是很强，他妈妈却二话不说，朝他屁股上就"啪啪"来了两巴掌："我告诉你，别买！我没带钱！"那孩子气得拿着东西就摔，还在地上打滚，怎么都不肯走。后来我走过去对孩子妈妈说："你看孩子哭闹的，你给孩子赔礼道歉吧，这件事的确是你不对在先，孩子本来就是好奇拿着看看，为什么要打他呢？"宝宝看到有人理解他，也不哭了，从地上爬起来，很生气地看着他妈。

所以，遇到宝宝很想要一样东西的时候，父母不能先入为主地认为孩子准备哭闹着要东西了。这么想着，脾气也上来了，结果肯定就是宝宝哭闹、大人生气。这时候要做的是先跟宝宝讲道理，如果行不通，立马转移注意力，等宝宝哭得很"投入"了，再转移注意力就没什么效果了。

坚持原则

我服务过一个家庭，爸爸不经常在家，所以回家后，只要宝宝想要的，一般都会满足他，但一次只能要一个。所以跟爸爸、妈妈去超市时，宝宝都会主动拉起爸爸的手，奔向他向往已久、经过左思右想最想要的那个东西。但是宝宝跟妈妈出去则从来不要东西。因为妈妈总是告诉宝宝："妈妈没有钱。"有时候宝宝实在想要，就守在旁边，可怜兮兮地说："妈妈没有钱，要是爸爸在就好了。"样子让人心疼，但妈妈还是要狠下心来，该不买就是不买。

遇到宝宝在商场看上喜欢的东西赖着不肯回家时，父母一定要坚

持原则，沉住气，给宝宝讲道理。因为这一过程，是父母和宝宝进行心理较量的过程，只要父母坚持自己的做法，孩子最终还是会放弃的。不过，等宝宝情绪比较稳定之后，父母要进行恰当的疏导，让宝宝从内心真正接受你的决定。

父母守则

想要改变宝宝想要东西而哭闹的习惯，关键在父母。父母要采用疏导的方式，用各种办法慢慢解决这个问题，决不能采用"以暴制暴"的方式。

宝宝爱吮手指怎么办

我的手指，我的美味！

　　我记得有一个两岁七个月的宝宝，总是吮手，吮得大拇指都变形了。姥姥只能跟在他后面，看见他吃手就赶紧给拿出来，实在拿不出来，就用湿巾给他擦擦。姥姥很着急，一见我就说："他大姨，你赶紧给治治吧。"

　　原来，宝宝妈妈奶水不好，宝宝又是个急性子，等不及冲奶粉就大哭。偶然一次，妈妈把宝宝的大拇指塞进他嘴里让他去吮，宝宝就不哭了。从那以后，只要宝宝一哭，妈妈就让他吮大拇指，还把这当作哄孩子的经验到处传授。为什么宝宝一吃大拇指就不哭闹了呢？因为大拇指太像奶头了，吮起来特别舒服。

　　为了改变宝宝吮大拇指的习惯，我通过讲故事的方式，告诉他吃手有很多坏处，一开始他能坚持5分钟不吮，我就夸他说："宝贝你真棒，你能坚持不吮手吗？"下一次我就拖成7分钟再表扬他没吮手，再下一次10分钟，慢慢的，他和我玩的时候几乎不吮手了。但是有时候宝宝实在忍不住，我就会转移他的注意力："这个汽车阿姨不会玩，你能不能教教阿姨呢？"说完把玩具递给他，他拿起玩具来研究，就把吮手的事忘了。

现在不少宝宝存在吮手指的问题，有严重和不严重之分。不严重的通过讲道理、转移注意力等方式就能够纠正；严重的就要求家长耐心坚持，尝试各种方法来纠正宝宝的这一不良习惯。

我们知道，两个月的宝宝喜欢吃手是正常的，这是宝宝智力发育的一大进步，此时手是宝宝最好的玩具，吮手指是一种学习和玩耍，也是稳定自身情绪的一种途径，父母要做的只是保持婴儿小手的干净就可以了。等到宝宝长到六七个月，长牙期间吃手，是他们磨牙床的一种方式，但这时候就不能任由他们随意吃手了，因为这时的宝宝已经有记忆了，再吃的话就会成为一种坏习惯。当宝宝七八个月大有主动意识的时候，就要明令禁止宝宝再继续吃手。

那么该如何解决宝宝吮手指的问题呢？

七八个月的宝宝开始磨牙床的时候，要提前给宝宝准备好牙胶，可以预防宝宝养成吃手的习惯。牙胶有多种质地，有的软有的硬，要根据宝宝的喜好不断进行尝试，挑选出最适合宝宝的牙胶。牙胶要放到宝宝随时能拿到的地方，因为当他拿不到牙胶的时候还是会吃手，一旦让他察觉吃手比咬牙胶还舒服，那你再给宝宝使用牙胶，宝宝就不一定能接受了。

如果宝宝已经养成吮手指的习惯，爸爸妈妈可以做以下尝试：

正面引导

每当宝宝吃手的时候，父母可以用语气、表情和手势来矫正宝宝的行为。例如，用严厉的口气对宝宝说："不可以把手放进嘴巴！"同时做出摆手或摇头的动作，以表示这是不好的行为。如果两三岁的宝宝还在吮手指，可以对他说："宝宝长大了，不可以再吮手指了！"也可以告诉他："手很脏，不能放进嘴里，否则要生病的！"对于再大一点的孩子，则可以告诉他手指缝里有很多细菌，会使人生病，还有铅等有害物质，会影响健康，或者可以和孩子一起在网上搜一搜，看看我们的手指缝里究竟有什么脏东西。这样可以增加孩子克服这种坏习惯的动力。

当宝宝吮手指的行为有所改善的时候，父母要肯定宝宝的努力，及时鼓励和表扬，让他明白，只要能减少和控制这种行为，他就会得到奖励。这种正面强化的方法最直接，也会产生明显的效果。

采用这一方法需要注意的是，不管年龄多小，宝宝都是有自尊心的。所以，父母在纠正宝宝吮手指的习惯时，要有耐心，要冷静，不能恐吓、训斥甚至打骂，因为这样会使宝宝产生紧张、压抑的情绪，甚至形成自卑、孤僻的性格。父母尊重宝宝，宝宝才会慢慢地配合你。

给予宝宝更多的关爱

宝宝经常吮手指的另一个原因也可能是情感上比较脆弱，以吮手指来寻求安慰。所以，父母平时要多陪陪宝宝，每天抽出一定时间全身心地陪宝宝聊天、玩耍。在宝宝入睡前给他讲讲故事或陪他听听轻音乐，使宝宝在爸爸、妈妈满满的爱中安然进入梦乡。有爸爸、妈妈的陪伴，心里充满着愉悦和幸福，自然不会记起吮手指的事情。

多种方式转移注意力

上面的案例中，宝宝为什么在我面前不吮手指？不是因为宝宝特别喜欢或者害怕我，也不是因为宝宝特别听我的话，而是因为在他想吮手指的时候我总是能够成功转移他的注意力。

父母可以多给宝宝准备些玩具，比如给一岁以内的宝宝准备悬吊玩具、拉铃玩具、手摇铃等，让宝宝去拉扯玩具，提升宝宝的手部能力。他在玩的过程中会自然而然地明白，手不只能放进嘴里，还可以拿、抓、扯，而且做这些动作会比吸吮手指更有成就感，于是慢慢就会减少将手放进嘴里的动作。针对大一些的宝宝，可以让他们玩积木、拼图等需要注意力集中的玩具，让他们忘记吮手指。

父母还可以多带宝宝到户外活动，多接触各种不同类型的事物，比如看看花、树、车子，同时跟他说说话。一方面可以促使宝宝牙牙学语；另一方面也能让宝宝多接受周围事物的刺激，吸引他对其他方面的注意力，以免有事没事只想着吮手指。

父母可以创造条件让宝宝和小朋友们一起玩，一起游戏，让宝宝在愉快活泼的情绪中，得到心理上的满足，忘记吮手指。

父母也可以通过单纯的语言转移宝宝注意力。比如，看到宝宝想要吮手指或正在吮手指，可以问他："昨天妈妈讲的故事中的那只小白兔最后怎么了？妈妈忘记了，你还记得吗？"宝宝很自然地会顺着你的思维去想，这时候你悄悄地将他的手从嘴里拿出来，他也不会意识到。

阳光小贴士

不要给手指戴上指套，因为那无疑是在时刻提醒宝宝"你快来吮我啊"，一有机会就会更想吮手指，反而让吮手指的行为更加难以纠正。

父母守则

父母在纠正宝宝吮手指的习惯时，一定要有耐心，用温和的方式慢慢纠正。

图书在版编目（CIP）数据

宝宝好习惯养成记 / 亓向霞等著 . —济南：山东
教育出版社，2015
（阳光大姐金牌育儿系列 / 卓长立，姚建主编）
ISBN 978-7-5328-8833-7

Ⅰ.①宝… Ⅱ.①亓… Ⅲ.①儿童—习惯性—能力培
养 Ⅳ.① B844.1

中国版本图书馆 CIP 数据核字（2015）第 078592 号

阳光大姐金牌育儿系列

宝宝好习惯养成记

亓向霞 等著

主　　管：山东出版传媒股份有限公司
出 版 者：山东教育出版社
　　　　　（济南市纬一路321号　邮编：250001）
电　　话：(0531) 82092664　传真：(0531) 82092625
网　　址：www.sjs.com.cn
发 行 者：山东教育出版社
印　　刷：肥城新华印刷有限公司
版　　次：2015年5月第1版第1次印刷
规　　格：710mm×1000mm　16开
印　　张：12.5印张
字　　数：154千字
书　　号：ISBN 978-7-5328-8833-7
定　　价：38.00元

（如印装质量有问题，请与印刷厂联系调换）
电话：0538—3460929